永城市水环境承载能力分析与研究

陈长茵　郑华山　陈　涛　张海忠　　著
申振荣　祝孔卓　臧红霞

中国矿业大学出版社
·徐州·

内 容 简 介

本书根据永城市河流水系和地形地貌特征,划分水资源分区;全面调查、收集大量的资料成果,对水资源要素进行监测与评价;采用长系列水文资料,对永城市降水量、地表水、地下水资源的水量和水质、水环境纳污容量及水资源可利用量等内容进行系统研究,构建水资源综合评价指标体系,并利用该体系评价永城市水资源条件、时空分布特点及演变趋势;在水资源评价研究及开发利用现状调查的基础上,分析永城市水资源开发利用潜力,综合评价永城市水环境承载能力,提出永城市水环境优化配置方案,为永城市水资源可持续利用及水资源保护提供可靠依据。

图书在版编目(C I P)数据

永城市水环境承载能力分析与研究 / 陈长茵等著
—徐州:中国矿业大学出版社,2017.5
ISBN 978 - 7 - 5646 - 3572 - 5

Ⅰ.①永… Ⅱ.①陈… Ⅲ.①区域水环境—环境承载
力—研究—永城 Ⅳ.①X143

中国版本图书馆 CIP 数据核字(2017)第 127113 号

书　　名	永城市水环境承载能力分析与研究	
著　　者	陈长茵　郑华山　陈　涛　张海忠　申振荣　祝孔卓　臧红霞	
责任编辑	于世连	
出版发行	中国矿业大学出版社有限责任公司	
	(江苏省徐州市解放南路　邮编 221008)	
营销热线	(0516)83884103　83885105	
出版服务	(0516)83995789　83884920	
网　　址	http://www.cumtp.com　E-mail:cumtpvip@cumtp.com	
印　　刷	江苏凤凰数码印务有限公司	
开　　本	787 mm×1092 mm　1/16　印张 11.5　字数 212 千字	
版次印次	2017 年 5 月第 1 版　2017 年 5 月第 1 次印刷	
定　　价	58.00 元	

(图书出现印装质量问题,本社负责调换)

前　言

　　水是生命之源、生产之要、生态之基，是重要的自然资源和环境要素。水资源是促进社会经济可持续发展，确保人民安居乐业，建设社会物质文明和精神文明的重要条件，是社会赖以存在和发展的物质基础。目前水资源供需矛盾突出，已成为制约辖域内国民经济发展的重要因素之一，因而查清区域内水资源量、水资源开发利用情况及城市工业废水对水环境的污染状况，对进一步制定水资源保护规划，加强水资源管理，具有十分重要的意义。

　　以《中共中央国务院关于加快水利改革发展的决定》、《国务院关于实行最严格水资源管理制度的意见》等政策方针为依据，以控制永城市各水资源分区水质的持续污染为前提，以实现永城市水资源的可持续利用为目标，从永城市的实际出发，对永城市水环境承载能力进行了分析和研究，并在遵循自然规律和经济规律下，对构建永城市水环境和河湖保障体系提出了意见和措施，并且最终著作了《永城市水环境承载能力分析与研究》一书。

　　本书详细全面地介绍了永城市长系列水文资料，分别对永城市地表水、水功能区及其地下水进行了分析和评价，并建立了永城市水资源分析和评价数学模型,在此基础上分析和研究了永城市水环境承载能力,提出了永城市水资源保护对策与建议。

　　由于内容涉及范围广,作者水平有限,书中内容和观点难免存在考虑不周等问题,敬请各位读者批评指正。

作　　者

2017 年 5 月

目　　录

第1章　城市概况

1.1　自然地理与社会经济

永城市位于北纬 33°43′～34°18′,东经 115°58′～116°39′之间,地处华北平原的东南边缘,为黄淮冲积平原的交接部位。永城市南部、东部、北部与安徽省的砀山、濉溪、涡阳、亳州等县(市)为邻,西部与夏邑县相接。永城市南北长约65.8 km,东西宽约 62 km,全市面积 1 994 km²。永城市地势平坦,为豫东最大的县级市。全市共有 30 个乡镇,总人口为 132.5 万人。

1.1.1　地形地貌

永城市地形平坦开阔,地势由西北向东南倾斜,地面高程 31～35 m,地面坡度 1/8 000～1/10 000。全市有 81 km²的剥蚀残丘,主要分布在该市的东北部,由芒砀山、夫子山、保安山、鱼山、磨山等到十余个山丘组成,面积约为 77 km²,最高山头海拔为 156.8 m。该市东南部另有约 4 km²的柏山。由于 2000 年以前当地群众开山采石,许多残丘已铲为平地,甚至低于地面。该市东部、南部的芒山、刘河、陈官庄、候岭、李寨、马桥、裴桥、王集、洪福等乡镇,分布着一些低洼易涝地。全市耕地面积为 206 万亩,占总面积的 68.9%。该市北部表层土壤多为黄河冲积的两合土和淤土,南部表层土壤多为淮河冲积的含礓石的黑色泥质黏性土壤。

1.1.2　气候特征

永城市属暖带半干旱、半湿润季风气候,春暖、夏热、秋凉、冬寒,四季分明。该市月平均最低气温为 −5.1 ℃(1月),月平均最高气温为 32.4 ℃(7月),年均气温为 14.0～14.3 ℃,极端最高气温为 41.5 ℃,最低气温为 −23.4 ℃。该市多年平均相对湿度为 71%。该市年平均日照时数为 2 300 h 左右,年日照率为52%。该市初霜一般在 10 月下旬,终霜期约在 3 月下旬,最晚到 4 月下旬,无霜期为 207 d。该市多年平均降水量为 805.6 mm,年水面蒸发量为 972 mm。

1.1.3　河流水系

流经永城市的主要河流有王引河、沱河、浍河、包河四条,均属淮河流域、洪泽湖水系,为典型的平原季节性河流。主要河流年内洪水期与干旱季节的水位、流量相差悬殊。

（1）沱河

沱河发源于商丘市梁园区刘口乡朱楼村,流经虞城县西关、夏邑县司胡同,于本市蒋口乡常湾村入该市,经蒋口、西十八里、老城北关,于候岭乡钟庄东约 3 km 处入安徽境,之后称新汴河。河南省界以上沱河长度为 132.7 km,流域面积为 2 358 km²,永城市内流域面积为 531.9 km²,区间河流长度为 41.5 km,区间纵比降为 1/9 000。在永城市内,宋沟、小碱河、韩沟、小白河、雪枫沟、王楼沟、黑河 7 条支流在沱河左岸汇入,岐河 1 条支流在沱河右岸汇入。沱河及其支流进入永城市的面积为 1 826.1 km²,流出永城市的面积为 2 358 km²。

（2）王引河

王引河发源于安徽省砀山县黄河故道南侧,沿砀山、夏邑边境至永城市前油坊,在永城市陶山西南流入永城市境内,到永城市徐魏庄又沿永濉（溪）边境,在永城市汤庙流入濉溪县境内。永濉边界以上河长 42.5 km,流域面积为 1 020 km²。永城市内王引河及其东侧碱河的总面积为 482.3 km²,境内河长 34.2 km,河流纵比降为 1/7 500,境内有窑山沟、郭沟、福沟、小王引沟、小王引河等支流汇入。

（3）浍河

浍河发源于夏邑县业庙乡蔡油坊,流经永城市酂城、王集、新桥、黄口等乡镇,在候岭乡李口村入安徽省濉溪县。河南省界以上河流长度为 58.4 km,流域面积为 1 314 km²。永城市境内浍河面积为 634 km²,河长 47.9 km,河流平均比降为 1/7 400。

东沙河是浍河的主要支流,发源于商丘市梁园区李庄乡黄河故道南侧,流经虞城、夏邑,至永城市大王集流入浍河,河流长度为 105.7 km,流域面积为 394.1 km²。

（4）包河

包河是浍河的主要支流,发源于商丘市梁园区谢集乡张祠堂黄河故道南侧,在永城市卧龙乡石桥村西南入永城境,经马桥镇至鱼地村流入安徽省涡阳县境,到濉溪县临涣集入浍河。包河在河南境内河长 144 km,流域面积为 785 km²;在永城市的河长 36.7 km,流域面积为 345.8 km²,河流纵比降为 1/8 400。

1.1.4 地质构造

1.1.4.1 地层

永城市位于秦岭东西向构造体系的东端和新华夏构造体系的复合部位。基底组成为寒武—奥陶系碳酸盐岩类和石炭—二叠煤系地层。晚第三纪以来,沉积了巨厚的上第三系和第四系松散岩层。

（1）第四系（Q）

全新统肖砀组（Q_4x）：由黏土、粉砂和粉土组成,由下向上粒度变细,为中细砂、细砂和少量的粉砂,一般为黄色,分选性及透水性好,粉砂和黏土互层构成河漫滩相二元结构,平均厚度为 22 m。

上更新统谢庄组（Q_3x）：下段为中砂层,局部粗砂,分选较好,上段岩性为粉砂、粉砂夹薄层黏土和粉土,平均厚度为 35 m。

中更新统演集组（Q_2y）：岩性以黏土为主,次为粉土和粉细砂薄层,平均厚度为 34 m。

下更新统天齐庙组（Q_1t）：岩性由黏土、粉土、粉砂组成,平均厚度为 41 m。

（2）上第三系（N＋E）

上新统呼庄组（n_2h）：岩性主要由中细砂、粉砂和黏土、粉土组成。中细砂层主要位于本组下部,单层厚度大,疏松,粒度均匀,分选性和磨圆度较好。本组含水性好,平均厚度为 100 m。

（3）二叠系（P）、石炭系（C）

它们均隐伏于地下,为该市主要煤系地层,主要由灰岩、泥岩、砂岩以及煤层（线）组成。

（4）奥陶系（O）

它赋存于永城复背斜核部。除在芒砀山有零星出露外,其他均隐伏于地下。缺失上统,与寒武系呈整合接触。岩性主要为白云质灰岩、灰岩、白云岩等。

（5）寒武系（Є）

它赋存于永城复背斜核部,除在局部零星出露地表外,均隐伏于地下。岩性主要为灰岩、鲕状灰岩、白云质灰岩。

1.1.4.2 构造

永城市位于新华夏系第二隆起带的西侧,小秦岭——嵩山东西向构造带的东延部位。印支——燕山运动使本区发生褶皱和断裂,形成徐州——宿县弧形构造,弧线东侧内沿为萧县——淮北——濉溪断裂束,弧线西侧外沿为一系列北北东向的褶皱及断裂束。其中永城复背斜,南起涡阳县,北至夏邑县,长约 60 km,宽约 40 km。其背斜核部由寒武——奥陶系组成,两翼为石炭——二叠系地层,西翼较东翼平缓,核部有岩浆岩侵入。

永城复背斜两翼之次级褶皱,其轴向一般均与复背斜的轴向平行,多属短轴宽缓的对称褶曲。这类褶皱构造主要有:沈庄向斜,王楼背斜,崔庄向斜,王大庄向斜等。对供水水资源勘察意义较大的主要断层有:F_{201}平移正断层(屈桥断层);F_{203}、F_2正断层(徐庄断层);F_1正断层。

1.1.5 土壤植被

1.1.5.1 土壤

永城市的土壤主要有三种:两合土、淤土、砂姜黑土。两合土主要分布在条河乡、芒山镇东部以及本市中北部的太丘、薛湖、顺和、陈集、蒋口、马牧、酂城、龙岗等乡镇。淤土主要分布本市东南部、西中部的刘河、陈官庄、苗桥、高庄、演集、茴村、洪福、王集、裴桥等乡镇,以及包河马桥以下两岸、浍河新桥以下两岸。砂姜黑土主要分布在本市的西南部和中南部,包括包河南岸的李寨乡和裴桥、马桥乡的南部,双桥—城厢—候岭三地以南、浍河以北的大部。此外还有少量的盐碱土,零星地分布在太丘、薛湖、酂阳、十八里、苗桥、茴村、刘河、陈集等乡镇之中。芒山等地的剥蚀残丘区还有少量的石质土。永城市的土壤土层深厚,适宜耕种。

1.1.5.2 植被

永城市植被资源丰富。永城市植被分为木本植被(乔木、灌木)和草本植被(农作物、瓜果、杂草)两大类。

木本植被主要分布在村、路、沟河、宅旁,偶尔有些小面积的农林间作,以杨树、柳树、泡桐、洋槐、榆树等用材树种和枣、梨、桃、杏等果木树为主。目前路、沟河两边主要为杨树。果木树以枣树最多。

草本植被主要由农作物小麦、玉米、棉花、大豆、红薯、花生、瓜菜等及田间空隙地野生杂草所构成。冬小麦播种面积最大,其次为春、夏玉米作物,其他夏杂粮和瓜菜。

1.1.6 社会经济

永城市气候温和,四季分明,土地肥沃,动植物资源、矿产资源均较为丰富,宜于工农业发展。

永城市是商丘市的农业大市(县级)。其人口、耕地面积、粮食、煤炭、发电、面粉加工、大枣、辣椒的产量,均居商丘市第一位。据2005年统计,全市农林牧渔业总产值为40.9亿元,占商丘市农林牧渔业总产值的19.8%;全市粮食总产量为61.3万t,其中小麦为50万t,均居商丘市各县(市)之首;全市果园面积为7 420 ha,水果产量为17.3万t。

永城市工矿企业也有很大的发展。据 2005 年统计,全市工业企业有 7 077 个,其中限额以上的企业有 17 个,限额以下的企业有 607 个;全市总从业人数为 23.3 万人;全市工业总产值为 69.1 亿元;全市煤炭产量为 1 080 万 t;全市小麦粉产量为 13.8 万 t;全市发电量约为 55 亿度。这些指标均居商丘市各县(市、区)之首。2005 年,永城市全市国民生产总值约为 71.6 亿元。

1.2　区域水文地质

1.2.1　浅层地下水富水性及分布

永城市浅层水是指第四系全新统肖砀组(Q_4x)、上更新统谢庄组(Q_3x)松散岩孔隙水,即 Ⅰ+Ⅱ 含水层组。含水层岩性主要为细砂、粉沙。各单层含水层之间有厚度不等的黏土、粉质黏土隔水层。单层含水层厚度一般为 1～5 m,砂层总厚度平均为 31.8 m,顶底板标高 25～40 m。永城市多年平均地下水埋深 2～4 m,主要受气象和人为因素影响。永城市多年平均地下水综合补给模数为 $18.4×10^4$ m^3/a·km^2。

1.2.2　浅层地下水动态类型及特点

永城市浅层地下水动态,为气象开采型。地下水埋深一般为 2～4 m。地下水位变化主要受降水入渗补给和人工开采影响。年内地下水位动态变化特征为:年初二月或三月初,因春灌人工开采地下水,水位开始下降;到汛前的五月底或六月份,地下水位下降到最低,进入汛期,降水量多,地下水停止开采,得到降水入渗补给,地下水位开始回升,汛后达到最高;至年底因降水少,农灌开始少量开采,致使地下水位保持稳定或缓慢上升。

1.2.3　平原区浅层地下水动态影响因素

1.2.3.1　气象因素

气候丰枯变化对地下水动态的影响,主要是对补给量和消耗量的影响,从而影响地下水动态变化。丰水年降水量多,降水入渗补给量也多,地下水位升幅亦大;反之,枯水年不但降水入渗补给量少,因气候干燥,所以潜水蒸发量也大,引起地下水位下降。

1.2.3.2　地形地貌因素

不同地形地貌对地下水的补给、径流、赋存和排泄,产生不同的影响。例如,降水入渗补给等和地下水埋深有关,埋深大则地下水补给系数小。永城市东北部有一些孤山残丘,地下水从山岗区流向山前倾斜平原。永城市南部、东部有不少低洼地,地下水埋深浅,年内其水位变幅小。

1.2.3.3 人类活动因素

（1）开采地下水的影响

开采地下水也是地下水消耗的一种途径。永城市广大农田基本都是井灌区,干旱季节大量开采地下水,引起地下水位下降。永城市新、老城区,工矿区长期超量开采地下水,导致地下水位持续下降,已形成了面积大小不等的降落漏斗。

（2）建闸蓄水的影响

永城市主要河道及主要支流上,均建有节制闸,长期拦蓄河水,抬高河水位。当河水位高出地下水位时,造成河水对两岸地下水的补给。

（3）疏浚河道的影响

中国华人民共和国成立后浍河经三次治理、包河经四次治理、沱河经四次治理、王引河经三次治理,各河道均加深了很多,从而加大了基流排泄量,使地下水位有所降低。

1.3 水利设施建设

中国华人民共和国成立后,党和政府十分重视水利事业。1950 年 10 月 14 日,中央政务院做出治理淮河的决定,制定了"蓄泄兼顾,以达根治之目的"的治淮方针。之后在上级统一规划下,开始了永城市的水利建设工作。中国华人民共和国成立初期主要采取以工代赈的办法,对一些排水能力很低的沟河进行低标准疏浚,以减轻涝灾。1958～1960 年,永城市洪涝灾害比较严重。20 世纪 60 年代以后,水利工作逐渐纳入正规,在蓄泄兼顾,除害与兴利并重的正确方针指导下,经过几十年的努力,永城市的水利事业有了很大的发展,基本上达到了除涝五年一遇标准,防洪二十年一遇标准。永城市修建了中、小型拦河闸 10 座。其中,四条干河上中型拦河闸 6 座,主要支流上小型拦河闸 4 座。农业、工业、生活用水机井星罗棋布。这些为灌溉、发电及城乡居民生活用水、工业用水提供了大量水资源。

1.3.1 引提水工程

永城市全市建成的引提水工程包括:① 中型水闸,6 座,蓄水能力为 $2\,303 \times 10^4$ m³;② 主要支流拦闸,4 座,蓄水能力为 213×10^4 m³。永城市全市引提水工程总蓄水量为 $2\,516 \times 10^4$ m³,设计灌溉面积为 22.3 万亩。

1.3.2　地下水取水工程

永城市全市打机电井约 35 800 眼,其中农用及农村生活用水井约 35 400 眼,城镇生活用水机井约 50 眼,发电用水机井约 90 眼(包括备用井),以往煤矿勘探打井及其他企业打井约 200 眼。永城市全市有效灌溉面积为 159 万亩,旱涝保收农田面积为 146 万亩。

1.3.3　煤矿井排水工程

目前,永煤集团有矿井 4 座(陈四楼矿、车集矿、城郊矿、新桥矿),矿井排水量约为 1.0 m³/s。其中,陈四楼、车集、城郊三个矿井的排水,计划用于永煤集团的煤化工厂。

1.3.4　河道治理

(1)浍河治理

浍河为排水坡河,两岸无堤防,因年久失修,涝灾严重。1964 年、1995 年,先后对河道进行了治理,治理后防洪、除涝标准分别达到二十年一遇和五年一遇。

(2)包河治理

分别于 1953 年、1957 年和 1978 年对包河河道进行了治理,治理后其防洪、除涝标准分别达到二十年一遇和三年一遇。

(3)沱河治理

分别于 1952 年、1965 年和 1969 年对沱河河道进行了治理,治理后其防洪、除涝标准分别达到三年一遇、标准达到二十年一遇。

(4)王引河治理

王引河经过 1952 年、1958 年和 1976 年的三次治理,治理后其防洪、除涝标准分别达到二十年一遇和五年一遇。

1.4　水资源分区划分

为了能基本上反映永城市地表水资源条件的地区差别,根据河流的分布情况,将永城市全市分为四个水资源分区。

(1)王引河分区

王引河分区位于永城市南部,包括王引河和碱河流域,面积为 482.3 km²,贯穿薛湖镇、高庄镇、条河乡、芒山镇、陈官庄、苗村乡、刘河乡、庙桥乡等 8 个乡镇。

（2）沱河分区

沱河分区位于永城市中部，为西北～东南走向，面积为 531.9 km²，贯穿城关镇、蒋口乡、薛湖镇、高庄镇、演集镇、太丘乡、顺和乡、陈集乡、鄷阳乡等 9 个乡镇。

（3）浍河分区

浍河分区位于永城市中西部，与沱河分区基本平行，面积为 634.0 km²，贯穿城关镇、双桥乡、鄷城乡、鄷阳乡、卧龙镇、新桥乡、马牧镇、龙岗乡、大王集乡、候岭乡、黄口乡等 11 个乡镇。

（4）包河分区

包河分区位于永城市西南部，面积为 345.8 km²，贯穿卧龙镇、新桥乡、马桥镇、裴桥镇、李寨镇等 5 个乡镇。

第 2 章　降水量和蒸发量统计与分析

2.1　降水量、蒸发量资料

按照《全国水资源综合规划技术细则》(以下简称《技术细则》)要求的系列年限,本次水资源评价共选用雨量站 20 个(其中永城市周边 12 个站),区内平均站网密度为 249 km²/站。其中王引河分区 4 个站(境外 3 个站)、沱河分区 4 个站(境外 1 个站)、浍河分区 3 个站(境外 1 个站)、包河分区 3 个站(境外 1 个站)。

永城市内只有一个水面蒸发站,1955 年~1967 年在永城水文站观测,1968年迁至黄口水文站观测。蒸发观测器皿为 E601 和 ϕ80 cm 两种型号。

永城市各河流分区降水量、蒸发量选用站统计详见表 2-1。

表 2-1　　　永城市各河流分区降水量、蒸发量选用站统计表

河流分区	降水站数及站名	蒸发站数及站名	备注
王引河	2 个,温庄、钟楼		钟楼属安徽省
沱河	3 个,蒋口、永城、陈集		
浍河	3 个,业庙、大王集、黄口	1 个,黄口	业庙属河南省夏邑县
包河	2 个,浑河集、梅庙		

2.2　降水量分析

1956 年~2005 年永城市平均年降水量为 805.6 mm,降水总量为 16.06 亿 m³。其中,包河区多年平均降水量为 790.8 mm,降水总量为 2.73 亿 m³;浍河区多年平均降水量为 813.9 mm,降水总量为 5.16 亿 m³;沱河区多年平均降水量为 787.3 mm,降水总量为 4.19 亿 m³;王引河区多年平均降水量为825.6 mm,降水总量为 3.98 亿 m³。

2.2.1　降水量分布

永城市 1956 年~2005 年多年平均降水量为 765~841 mm。800 mm 等值线穿

过永城市中部～东北部和西南部。降水量等值线呈西南—东北走向。中南部(浍河下游)及东南部(王引河下游)降水量为 830～840 mm,西北部降水量为 770 mm。

2.2.2　年降水量等值线图绘制与合理性检查

(1)1956 年～2005 年同步系列和 1980 年～2005 年同步系列降水深等值线图的绘制。

由于永城市多年平均降水深在地域上变化不大,等值线的线距采用 30 mm。1956 年～2005 年系列多年平均降水量与 1980 年～2005 年系列多年平均降水量相比,50 年系列 800 mm 等值线与 25 年系列 770 mm 的等值线走向基本一致,50 年系列较 25 年系列偏多 13～40 mm。

(2)1956 年～2005 年 C_v 值分布图的绘制。

1956 年～2005 年系列,永城市境内的 8 个雨量站的 C_v 值最大为 0.25,最小为 0.23,无法绘制 C_v 等值线图,只能绘制反映 C_v 值的分区图。

2.2.3　降水量年内分配

永城市降水量年内分配特点,表现为汛期集中,季节分配不均匀,最大、最小月相差悬殊。永城市设立雨量站较早。从分布在东北、中部、南部的温庄、永城、黄口三站多年平均各月降水量表中可以看出:① 汛期(6～9 月)降水量为 529～554 mm,占全年的 67.3%～70.5%,降水集中程度,自北向南递增。② 四季降水量不均匀,夏季 6～8 月降水最多,降水量为 456～476 mm,集中全年降水量的 58%～61%。③ 年内最大月与最小月降水量相差悬殊,多年平均以 7 月份降水量最多,为 220～224 mm;最小月降水量不足 2 mm。

永城市代表站多年平均各月降水量统计详见表 2-2。

表 2-2　　　　　永城市代表站多年平均各月降水量统计表

站名	多年平均降水量/mm	汛期(6～9月) 降水量/mm	汛期(6～9月) 占年降水量/%	3～5月 降水量/mm	3～5月 占年降水量/%	6～8月 降水量/mm	6～8月 占年降水量/%	9～11月 降水量/mm	9～11月 占年降水量/%	12～次年2月 降水量/mm	12～次年2月 占年降水量/%	最大月 降水量/mm	最大月 占年降水量/%	最小月 降水量/mm	最小月 占年降水量/%	最大月与最小月比值
温庄	785.6	528.5	67.3	142.4	18.1	455.9	58	138.2	17.6	49.8	6.3	219.8	28	14	1.8	15.7
永城	805	534.5	68	153.2	19.5	458.6	58.4	146.6	18.6	50.3	6.4	224.1	28.5	13.9	1.8	16.2
黄口	841.4	553.6	70.5	160.7	20.5	476.2	60.6	151.8	19.3	53.4	6.8	223.4	28.4	14.4	1.8	15.5

2.2.4　降水量年际变化

由于季风气候的不稳定性和天气系统的多变性,造成年际之间降水量差别很大。永城市降水量的年际变化,具有最大与最小年降水量相差悬殊和年际丰枯变化频繁等特点。永城市不同时段降水量比较见图 2-1。

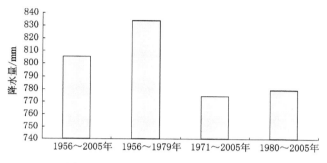

图 2-1　永城市不同时段降水量比较图

永城市雨量站的最大与最小年降水量比值一般在 2.4～3.7。年降水量极值比最大的站为温庄雨量站,1963 年降水量为 1 606.2 mm,1965 年降水量仅为435.2 mm,年降水极值比为 3.7。

2.3　蒸发量和干旱指数分析

2.3.1　水面蒸发量

永城市只有一处水面蒸发量观测站(黄口水文站)。永城市 1980～2005 年同步期年水面蒸发量为 972.0 mm。

2.3.2　干旱指数

干旱指数是指蒸发能力和年降水量之比,以此作为气候干湿程度的指标。蒸发能力以 E601 型蒸发器观测的水面蒸发量代替。永城市 1980～2005 年的平均干旱指数为 1.25。

第3章 河川径流量计算与分析

河川径流量还原计算是区域水资源量(包括地下水资源量和地面水资源量)评价计算的基础工作。河川径流量还原计算的精度与可靠性直接影响区域水资源评价成果的质量。按照《技术细则》要求,应采用实测径流资料,并经过河川径流还原计算后,能反映近期下垫面变化条件下的天然径流系列,作为评价永城市地表水资源量的依据。

3.1 分析计算代表站和资料的选择方法

河川径流量还原计算要求选择区域控制条件好、实测系列长、资料完整齐全,能反映区域产汇流条件的水文站作为分析计算代表站。采用分析计算的资料有:河道实测的基本水文资料、水利工程调控水量(蓄水量、引水量、分洪量)、区域引用耗水量等有关资料。

本章河川径流量还原计算选用 2 个计算代表站,选用共 100 站年的径流资料(含插补延长的资料)。其中,沱河区的计算代表站为永城站,浍河区的计算代表站为黄口站。实测径流资料为历年水文年鉴刊印成果。

为了保证资料系列的可靠性和一致性,还收集了流域的自然地理、水文气象和工农业用水等资料,同时对实测水文资料中缺测的年、月径流资料进行了插补,并将短系列做了适当的展延。资料插补延长按照成因分析和精度要求,采用相关法、降雨径流关系法、面积比缩放法等多种方法,综合比较、合理选定,以保证采用资料具有较高的精度。

3.2 河川径流量还原计算方法

3.2.1 河川径流量还原计算的目的和要求

水资源调查和统计分析中采用的是天然年径流资料。但是由于人类通过改变流域下垫面状态,兴建各种蓄、引、提等水利工程设施,或多或少地改变了河川径流的天然状态,使河道测流断面的实测径流值不能代表其天然值。因此,必须将受人类活动影响的这部分径流量还原到实测径流量中去,即在考虑人类活动消耗、增加和调蓄的水量因素下,对当年的实测径流量尽可能详尽地进行还原。

本章区域水资源评价是将受地表水资源开发利用影响而增减的水量都还原计算到近期下垫面条件下的水量,以转换为天然径流量。河川径流量还原计算的基本要求如下:

(1) 河川径流量还原的主要项目包括:农业灌溉用水、工业和生活用水的耗损量(含蒸发消耗量和入渗损失量),跨流域引入、引出水量,河道分洪决口水量,水闸蓄水变量等。

(2) 在进行用水调查时,将地表水、地下水分开统计,只还原地表水利工程用水的耗损量。

(3) 对于还原后的天然年径流量,进行综合平衡分析,检查其合理性。

3.2.2　天然径流量单站逐项还原方法

单站逐项还原法是在水文站实测径流量的基础上,采用逐项调查或测验方法补充收集流域内受人类活动影响水量的有关资料,然后进行分析还原计算,以求得能代表某一特定下垫面条件下(真实反映流域产汇流水文特性)的天然河川径流量。

单站逐项还原法适用条件是水系完整,流域界线分明,各种蓄水、引水、退水工程情况清楚,并有完整、可靠的实测水文资料,同时能测得或调查收集到流域内翔实的蓄水、引水、用水资料,且实际观测的控制水量应占流域天然径流量的50%以上。还原后的天然水量计算公式为:

$$W_{天然} = W_{实测} + W_{农灌} + W_{工业} + W_{城镇生活} \pm W_{库蓄} \pm W_{引水} \pm W_{分洪} + W_{库渗} + W_{其他}$$

$$(3-1)$$

式中　　$W_{天然}$——还原后的天然水量;

$W_{实测}$——水文站实测水量;

$W_{农灌}$——灌溉用水耗损水量;

$W_{工业}$——工业用水耗损水量;

$W_{城镇生活}$——城镇生活用水耗损水量;

$W_{库蓄}$——计算时段始末水库蓄水变量(增加为正、减少为负);

$W_{引水}$——跨流域、水系调水而增加或减少的测站控制的水量(引出为正,引入为负);

$W_{分洪}$——河道分洪水量(分出为正,分入为负);

$W_{库渗}$——水库渗漏水量(数量一般不大,对下游站来讲仍可回到断面上,

可以不计);

$W_{其他}$——对于改变计算代表站控制流域内河川径流量有影响的其他水量。

3.2.3 天然径流量分项水量调查及还原计算

伴随社会经济快速发展,水资源开发利用程度不断提高,受人类社会经济活动影响,区域水资源形成和转化条件也发生了很大变化,因此水文站实测径流量难以真实反映区域下垫面产生汇流的水文特性。故而,需要对受人类活动影响的水量进行还原计算,推求流域某一产汇流条件较一致情况下(系列具有一致性)的河川径流量。

分项水量还原计算的主要项目包括:农业灌溉、城镇工业和生活用水的耗损量(含蒸发消耗和入渗损失),跨流域引入、引出水量,河道分洪决口水量,水库蓄水变量等。

按照《技术细则》要求,主要计算代表站应进行水量逐月还原计算,提出历年逐月的天然径流系列;对于其他选用站只进行水量年还原计算,提出历年的天然年径流系列。

(1) 农业灌溉耗损水量($W_{农耗}$)计算

农业灌溉耗损水量是指农林、菜田引水灌溉过程中,因蒸散发和渗漏损失而不能回归河流的水量。农业灌溉耗水量包括:① 田间耗水量,不同作物的蒸腾、棵间散发及田间渗漏量等灌溉消耗水量;② 灌溉过程中的输水损耗水量(渠首及干、支、农、斗渠输水工程),含渠道水面蒸发及渠道渗漏水量。

农业灌溉耗损还原水量计算是根据河流水资源开发利用调查资料(收集渠道引水量、退水量、灌溉制度、实灌面积、实灌定额、渠系水有效利用系数、灌溉回归系数等资料),在查清渠道引水口、退水口的位置和灌区分布范围的基础上,依据资料情况采用不同计算方法进行计算。

(2) 城市工业和生活用水耗损量计算

城镇工业用水和生活用水的耗损量包括用户消耗水量和输排水损失量,为取水量与入河废污水量之差。

① 工业耗损水量($W_{工业}$)计算

工业耗损水量计算是在城市工业供水调查和分行业年取水量、用水重复利用率的典型调查分析的基础上,并根据各行业的产值,计算出万元产值取用水量 Z_i(m³/万元)和相应行业的万元产值耗水率 η_i。对地表水供水工程及供水量进行调查和分析计算。

工业耗水量可根据各行业用水定额乘以该行业耗水率求得,即:

$$W_{\text{工业}} = \sum_{i=1}^{n} \eta_i \cdot Z_i$$

或

$$W_{\text{工业}} = \eta_{\text{综合}} \cdot Z_{\text{综合}} \tag{3-2}$$

式中　$Z_i, Z_{\text{综合}}$——各行业用水定额和工业综合用水定额;

　　　$\eta_i, \eta_{\text{综合}}$——各行业耗水率和工业综合耗水率。

② 城市居民生活耗水量($W_{\text{生活}}$)计算

城市居民生活用水采用地表水源供水的城市,其居民生活耗水量计算可采用供水工程的引水统计资料或自来水厂的供水量调查资料。其耗水量可按下式进行计算:

$$W_{\text{生活}} = \beta' W_{\text{用水}} \tag{3-3}$$

式中　$W_{\text{生活}}$——生活耗水量;

　　　β'——生活耗水率;

　　　$W_{\text{用水}}$——生活用水量。

农村生活用水面广量小,且多为地下水,对测站径流影响很小,一般可以忽略不计。

(3)水利工程蓄水变量($W_{\text{蓄}}$)计算

蓄水变量计算利用水闸水位—库容曲线加以核对,不同年代的蓄变量要采用对应年代的水位—库容曲线。

根据水库实测水位,由水闸的水位—库容曲线(反映不同时期淤积变化)查得水库蓄水量,进一步计算水库蓄变量。

其计算公式为:

$$W_{\text{闸蓄}} = W_{\text{下月1日}} - W_{\text{本月1日}} \tag{3-4}$$

式中　$W_{\text{闸蓄}}$——闸坝蓄水变量;

　　　$W_{\text{下月1日}}$——闸坝下月1日的蓄水量;

　　　$W_{\text{本月1日}}$——闸坝本月1日的蓄水量。

(4)闸坝的渗漏损失($W_{\text{渗漏}}$)计算

水库闸坝渗漏损失只对水库或闸坝水文站产生影响,对下游站渗漏水量仍可回到计算断面上,所以可以不计。有实测资料可按实测资料进行计算。没有实测资料可按月平均蓄水量的百分比计算,一般按水库蓄水量的1%计算。

(5)河道分洪、决口水量($W_{\text{分洪}}$)计算

河道分洪、决口水量($W_{\text{分洪}}$)可通过上下游站、分洪和决口的流量、分洪区的水位资料、水位容积曲线以及洪水调查资料等,通过水量平衡计算分析进行还原量计算。

（6）其他还原水量（$W_{其他}$）

受人类活动影响严重的局部区域,地表径流急剧变化,甚至出现水量还原计算结果极不合理(或者负值)的问题。为保证计算结果系列的一致,参考第一次水资源评价采用的计算方法和计算代表站流域内的实际情况,采取一些特殊的处理方法,即有个别选用代表站增加了其他还原水量。

20世纪80年代后期,平原地区鱼塘面积迅速增加,渔业养殖用水、耗水量大,凡利用地表水源养鱼的地区,对于当地河川径流都带来了影响。例如,豫东平原沿黄地区,近年来依托灌区引水大面积发展养鱼业,对灌区引用水量分析计算有很大影响。

鱼塘补水量计算主要根据当地水面蒸发损失和渗漏损失情况进行计算。本次采用定额法计算,调查收集有关补水资料和渔业养殖部门实验分析成果,每亩鱼塘水面面积年补水定额为 1 500 m^3/a。

3.3　河川径流量还原计算成果

永城市偏干旱,全市的河川径流量主要来自大气降水补给。永城市河流一般7~8月份才进入主汛期,且多为季节性产流河道。

3.3.1　年径流量时空分布特征

永城市地表径流量时空分布具有地区差异显著,年内分配极不均匀,年际变化大等特点。地表水资源较为匮乏;全年地表径流量主要集中在汛期,据统计汛期4个月径流量占全年的60%~70%;最大与最小年径流量相差悬殊,最大与最小倍比值在30以上。

3.3.1.1　年径流量地区分布

（1）径流深分布特点

永城市地表径流深分布取决于大气降水量、降雨强度和地形坡度变化。全市多年平均地表径流深分布与降水量分布趋势吻合,全市自南向北呈递减趋势。永城市主要河流径流深比较见图3-1。

（2）主要河流不同系列径流深变化情况

永城市主要河流不同系列径流深对比情况见表3-1。

由表3-1可以看出:

① 包河1956年~2005年系列比1956年~1979年系列径流深偏小

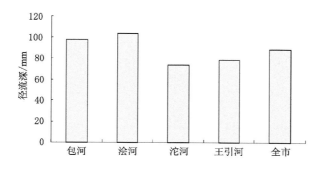

图 3-1 永城市主要河流径流深比较图

23.1%。

② 浍河的丰枯变化比较同步,1956～2005 年系列比 1956～1979 年系列径流深偏小 23.1%。

③ 沱河 1956～2005 年系列与 1956～1979 年系列径流深比较偏小 12.6%。

④ 王引河 1956～2005 年系列与 1956～1979 年系列径流深偏小 13.8%。

3.3.1.2 年径流量年内分配

永城市河川径流主要来自于大气降水补给,受降水量年内分配影响,地表径流呈现汛期集中,季节变化大,最大、最小月径流相差悬殊。与降水量时空分布相比,径流稍滞后于降水,并且普遍比降水量年内分配的集中程度更高。

永城市径流代表站多年平均天然径流量月分配见表 3-2。

永城市地表径流量主要集中在 7～10 月,据统计多年平均汛期 4 个月径流量占全年的 65% 以上。多年平均最小月径流量普遍发生在 1 月。

表 3-1　　　　　永城市主要河流不同系列径流深对比表　　　　单位:mm

控制站名称	集水面积/km²	多年平均径流深				
		1956～1979	1980～2005	1956～2005	1980～2005 与 1956～1979 丰枯比较/%	1956～2005 与 1956～1979 丰枯比较/%
包河	345.8	127.8	71.0	98.3	−44.5	−23.1
浍河	634	135.8	75.4	104.4	−44.4	−23.1
沱河	531.9	84.8	64.2	74.1	−24.3	−12.6
王引河	482.3	91.3	67.1	78.7	−26.5	−13.8

表 3-2   **永城市径流代表站多年平均天然径流量月分配表**   单位:万 m³

河流名称	测站名称	天然径流量													汛期	
		1月	2月	3月	4月	5月	6月	7月	8月	9月	10月	11月	12月	全年	起止月份	天然径流量
沱河	永城	352.3	525.8	644.1	777.2	879.1	764.3	3 921.6	3 722.8	1 718.8	1 035.5	775.1	365.1	15 482	7~10	10 398.7
浍河	黄口	200.9	289.2	393.3	468.3	844.7	531.6	3 009.2	2 604.0	1 283.0	917.5	569.7	277.9	11 372.6	7~10	7 813.7

    浍河汛期径流量占全年的 65.3%,多年平均连续最大四个月(7~10月)径流量约占全年的 68.7%。最小月径流量多出现在 1 月份。多年平均最大月径流量与最小月径流量的倍比为 15.0。

    沱河汛期径流量占全年的 65.4%,多年平均连续最大四个月(7~10月)径流量约占全年的 67.2%。最小月径流量多出现在 1 月份。多年平均最大月径流量与最小月径流量的倍比为 11.1。

3.3.1.3 径流量年际变化

    永城市河川径流不仅年内变化大,而且年际变化也大,最大与最小年径流量倍比悬殊。1956 年~2005 年系列的最大与最小年径流量倍比在 31~40 之间,并呈现最大与最小年径流量倍比值北部地区大于南部地区的分布趋势。

    永城市河川径流还存在年际丰枯交替变化频繁的特点。在 50 年系列中,前22 年系列为偏丰水期,后 28 年为连续偏枯水期。据统计分析,20 世纪 50 年代、60 年代和 70 年代中期和 21 世纪初永城市分别发生了 4 次较大范围的洪水;在20 世纪 60 年代、70 年代中期和 90 年代末期永城市也出现过 3 次较大范围的特枯水期。

    同时,永城市河川径流还具有连丰、连枯的变化特征。在 45 年系列中,1956年~1958 年、1963 年~1965 年为连续丰水年组,1987 年~1988 年、1993 年~1995 年、2001 年~2002 年则为连续枯水年组。

    (1)最大年与最小年径流量倍比悬殊

    永城市主要河流径流代表站年径流量极值比计算见表 3-3。由表 3-3 可知,沱河、浍河最大年径流量与最小年径流量倍比值均在 30 以上。

    (2)年际丰枯变化频繁

    1956 年~2005 年 50 年系列中,沱河、浍河出现丰水年约 9 年,其中 1963 年为特大洪水年;出现偏枯水年约 6 年,其中 1966 年为特枯水年。

表 3-3　　　　永城市主要河流径流代表站年径流量极值比计算表

控制站名称	集水面积/km²	天然年径流量				最大与最小倍比值	计算 C_v 值
		最大		最小			
		径流量/万 m³	出现年份	径流量/万 m³	出现年份		
永城	2 237	90 254.0	1963	2 799.0	1966	32.2	0.93
黄口	1 201	67 738.0	1963	2 112.0	1966	32.1	1.00

3.3.2　年径流量 C_v 值分布

河川径流的 C_v 值同样反映出年径流量最大、最小值偏离均值的程度,即 C_v 值越大,径流量最大、最小值偏离均值的幅度也越大;反之,亦然。永城市河川径流 C_v 值分布同样呈现北部地区大于南部地区的分布趋势。永城市 C_v 值分布在 0.7～1.10 之间。

3.4　河川径流量还原计算结果分析及修正

代表站天然径流还原耗损水量主要包括:农业灌溉耗损量、工业用水和城镇生活用水耗损量等。代表站天然径流量还原计算结果的合理性审查,可以从不同途径、不同环节,采取不同方法,如采取单项水量还原平衡分析,定额、系数区域分布趋势分析,径流量计算结果分布规律及降水—径流、上下游相关分析等方法。由于永城市沱河、浍河受人类活动影响较大,永城站及黄口站降雨径流关系点距散乱,故不做系列一致性修正。

3.5　河川径流深分布图

3.5.1　绘制径流深等值线图的基本原则、方法

(1)选用站网控制性较好、资料精度较高的地区,以点据数值作为基本依据,结合自然地理情况勾绘等值线;径流资料短缺或无资料的地区,主要根据降水量等值线图并参考第一次水资源评价结果,大体确定等值线的分布和走向。

(2)等值线的分布应考虑下垫面条件的差异,等值线走向应参考地形等高线的走向。

(3)本章水资源评价采用比例尺为 1∶250 000 的地图作为工作底图,主要

考虑较大范围的线条分布,局部的小山包、小河谷、小盆地等微地形地貌对等值线走向的影响予以忽略。

(4) 先确定几条主线的分布走向,然后勾绘其他线条。等值线跨越大河流时,避免斜交。马鞍形等值线区,应注意等值线的分布及等值线线值的合理性。

3.5.2 绘制径流深等值线图的依据

根据《技术细则》要求,勾绘多年平均径流深等值线时,主要依据各选用代表站(或区间)流域单元重心的多年平均径流深计算值,同时参考同期降水量等值线的走势和第一次水资源评价结果——1956 年~1979 年径流深等值线,并且与地形等高线基本吻合,尽量避免出现等值线横穿主山脉,与降水量等值线垂直相交的不合理情况。

第4章　地表水资源量计算与分析

地表水资源量是指河流、湖泊、冰川等地表水体中由当地降水形成的、可以逐年更新的动态水量,用河川天然径流量表示。

4.1　地表水资源量计算方法

4.1.1　地表水资源量基本计算方法

采用水文比拟方法计算(借用邻近地区的计算成果),即采用降水量加权的面积比缩放。其公式为:

$$W_{分区} = \sum W_{控} \cdot \frac{P_{分区} \cdot F_{分区}}{P_{控} \cdot \sum F_{控}} = \alpha_{控} \cdot P_{分区} \cdot F_{分区} \tag{4-1}$$

4.1.2　分区计算代表站选用

各河流地表水资源量计算代表站选用情况如下:

(1)包河

包河选用黄口站以上系列径流量成果,采用降水量加权的面积比缩放。

(2)浍河

浍河选用黄口站以上系列径流量成果,采用降水量加权的面积比缩放。

(3)沱河

沱河选用永城站以上系列径流量成果,采用降水量加权的面积比缩放。

(4)王引河

王引河选用永城站以上系列径流量成果,采用降水量加权的面积比缩放。

4.2　地表水资源量计算结果及分布特点

4.2.1　地表水资源量计算结果

永城市 1956~2005 年平均地表水资源量计算结果为 17 756.2 万 m³,折合径流深为 89.0 mm。其中,市辖包河地表水资源量多年平均为 3 398.2 万 m³,折合径流深为 98.3 mm;浍河地表水资源量多年平均为 6 618.8 万 m³,折合径流深为 104.4 mm;沱河地表水资源量多年平均为 3 942.7 万 m³,折合径流深为 74.1 mm;王引河地表水资源量多年平均为 3 796.5 万 m³,折合径流深为 78.7 mm。

永城市流域分区地表水资源成果见表 4-1。

表 4-1　　　　　　　　　　**永城市流域分区地表水资源量成果表**

河流	面积 /km²	均值		C_v 矩法	不同频率地表水资源量/万 m³			
		万 m³	mm		20%	50%	75%	95%
包河	345.8	3 398.2	98.3	1.05	5 182.3	2 078	1 043.2	672.2
浍河	634.0	6 618.8	104.4	1.10	9 967.9	3 852.1	1 959.2	1 449.5
沱河	531.9	3 942.7	74.1	1.06	5 948.7	2 396.4	1 226.2	866.8
王引河	482.3	3 796.5	78.7	1.12	5 752.5	2 180.7	1 075.2	777.5
全市	1 994	17 756.2	89.0	1.05	27 078.2	10 857.9	5 451.2	3 512.2

4.2.2　地表水资源分布特点

4.2.2.1　区域分布特点

永城市地表水资源量总体呈现南部地区多于北部地区的区域分布特点。包河径流量为 3 398.2 万 m³,占全市的 19.1%,折合径流深为 98.3 mm;浍河径流量为 6 618.8 万 m³,占全市的 37.3%,折合径流深为 104.4 mm;沱河径流量为 3 942.7 万 m³,占全市的 22.2%,折合径流深为 74.1 mm;王引河径流量为 3 796.5 万 m³,占全市的 21.4%,折合径流深为 78.7 mm。

4.2.2.2　年内分配特点

永城市地表水资源量主要产生在汛期,连续最大四个月出现时间稍滞后于降水量。全市多年平均连续最大四个月地表水资源量占全年的 65% 以上,发生在 7～10 月;多年平均月最大值出现在 7 月份,月最小值出现在 1 月份,月最大值是月最小值的 11～15 倍。

4.2.3　地表水资源系列分析

4.2.3.1　不同系列比较

永城市 1956～2005 年平均地表水资源量 17 756.2 万 m³,比 1956～1979 年 21 943.7 万 m³,偏少 19.1%(见图 4-1)。永城市 1980～2005 年系列比 1956～1979 年系列地表水资源量偏少 36.7%。

（1）包河

包河 1956～2005 年系列比 1956～1979 年系列地表水资源量偏少 23.5%；1980～2005 年系列比 1956～1979 年系列地表水资源量偏少 44.7%。

（2）浍河

浍河 1956～2005 年系列比 1956～1979 年系列地表水资源量偏少 23.1%；1980～2005 年系列比 1956～1979 年系列地表水资源量偏少 44.4%。

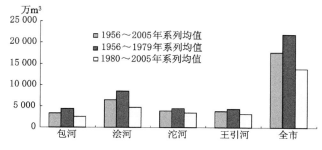

图 4-1　永城市流域分区地表水资源量比较图

（3）沱河

沱河 1956～2005 年系列比 1956～1979 年系列地表水资源量偏少 12.6%；1980～2005 年系列比 1956～1979 年系列地表水资源量偏少 24.3%。

（4）王引河

王引河 1956～2005 年系列比 1956～1979 年系列地表水资源量偏少 13.8%；1980～2005 年系列比 1956～1979 年系列地表水资源量偏少 26.5%。

永城市流域分区不同系列地表水资源量对照见表 4-2。

表 4-2　　　　　　　永城市流域分区不同系列地表水资源量对照表　　　　单位：万 m³

流域水资源三级区	分区面积/km²	地表水资源量				
		1956～2005 年系列均值	1956～1979 年系列均值	1980～2005 年系列均值	1956～2005 年与 1956～1979 年系列比较	1980～2005 年与 1956～1979 年系列比较
包河	345.8	3 398.2	4 440.1	2 455.1	−23.5	−44.7
浍河	634	6 618.8	8 607.2	4 783.3	−23.1	−44.4
沱河	531.9	3 942.7	4 512.3	3 416.8	−12.6	−24.3
王引河	482.3	3 796.5	4 404.1	3 235.6	−13.8	−26.5
全市	1 994	17 756.2	21 943.7	13 890.9	−19.1	−36.7

4.2.3.2　年代变化

从年代变化分析来看,永城市各个年代的多年评价水资源量丰枯度不同。20世纪50年代后期最丰,70年代最枯。与1956～2005年长系列多年平均地表水资源量相比,50年代后期偏多67.8％,60年代偏多62.2％,70年代偏少41.6％,80年代偏少15.7％,90年代偏少25.9％,1956～1979偏多23.6％(具体统计情况见表4-3和图4-2)。

表 4-3　　　　　永城市流域分区不同年代地表水资源量统计表　　　单位:万 m³

年代	包河	浍河	沱河	王引河	全市
1956～1960	6 472.1	12 575.2	5 477.4	5 265.3	29 790.0
1961～1970	5 314.5	10 742.0	6 400.1	6 349.3	28 805.9
1971～1980	2 328.8	4 118.1	2 029.1	1 892.2	10 368.3
1981～1990	2 544.7	4 896.6	3 782.0	3 742.9	14 966.2
1991～2000	2 378.1	4 699.8	3 175.7	2 910.4	13 163.9
1956～1979	4 420.0	8 607.2	4 512.4	4 404.1	21 943.7
1956～2005	3 398.2	6 618.8	3 942.7	3 796.5	17 756.2

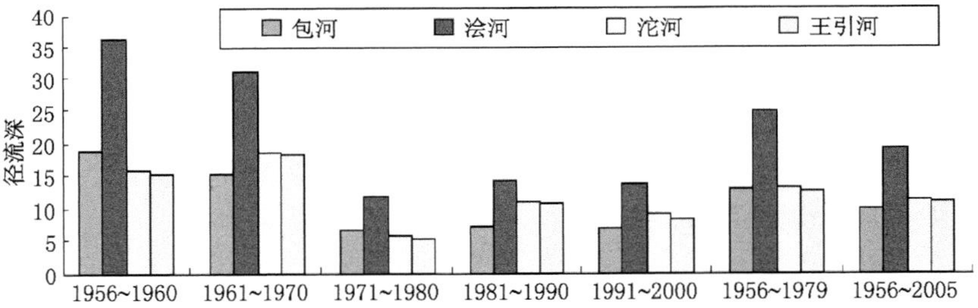

图 4-2　永城市流域分区地表水资源量不同年代变化对比图

包河50年代地表水资源量比1956～2005年多年平均偏多90.5％,比60年代偏多56.4％,比70年代偏少31.5％,比80年代偏少25.1％,比90年代偏少30.0％,比1956～1979年多年平均偏多30.1％。

浍河50年代地表水资源量比1956～2005年多年平均偏多90.0％,比60年代偏多62.3％,比70年代偏少37.8％,比80年代偏少26.0％,比90年代偏少29.0％,比1956～1979年多年平均偏多30.0％。

沱河50年代地表水资源量比1956～2005年多年平均偏多38.9％,比60年代偏多62.3％,比70年代偏少48.5％,比80年代偏少4.1％,比90年代偏少19.

6%，比 1956~1979 年多年平均偏多 14.4%。

王引河 50 年代地表水资源量比 1956~2005 年多年平均偏多 38.7%，比 60 年代偏多 67.2%，比 70 年代偏少 50.2%，比 80 年代偏少 1.4%，比 90 年代偏少 23.3%，比 1956~1979 年多年平均偏多 16.0%。

4.2.3.3　年际变化

永城市地表水资源量年际变化大，丰枯非常悬殊。据 1956~2005 年系列计算分析，1963 年全市地表水资源量最多，为 118 830.2 万 m³，而 1966 年的最少，仅为 3 478.7 万 m³，丰枯倍比为 34.2。

永城市地表水资源量的年际丰枯倍比值总体呈现北部干旱地区大于南部地区的分布规律。北部王引河丰枯倍比值最大为 43.4 倍，南部浍河丰枯倍比值最小，为 31.4 倍。

永城市流域分区地表水资源量极值分析见表 4-4。

表 4-4　　　　　　　**永城市流域分区地表水资源量极值分析表**　　　　单位:万 m³

河流	分区面积 /km²	地表水资源量					
		1956~2005 年系列均值	最大		最小		最大与最小倍比值
			水量	出现年份	水量	出现年份	
包河	345.8	3 398.2	21 043.9	1963	623.8	1966	33.7
浍河	634	6 618.8	42 190.1	1963	1 343.5	1966	31.4
沱河	531.9	3 942.7	27 270.1	1963	805.1	1968	33.9
王引河	482.3	3 796.5	28 326.1	1963	652.1	1966	43.4
全市	1 994	17 756.2	118 830.2	1963	3 478.7	1966	34.2

第5章　地下水资源量分析与计算

地下水资源是指与大气降水、地表水体有直接补排关系的动态重力水,即赋存于地面以下饱水带岩土空隙中参与水循环且可以更新的浅层地下水。

5.1　地下水资源量基本资料概况

本次地下水资源调查评价,是在收集大量资料基础上,对近期下垫面条件下多年平均(1980~2005 年,下同)浅层地下水资源量及其分布特征进行的全面评价。

收集的资料包括以下内容:

(1)地形、地貌及水文地质资料:主要依据 1:20 万《中华人民共和国区域水文地质普查报告》商丘幅。

(2)水文气象资料:1956~2005 年全省水文系统和部分气象系统的降水与蒸发资料,2 个典型代表站的 1980~2005 年径流资料。

(3)地下水水位动态监测资料:全市 38 眼地下水监测井水位与埋深系列观测资料,并从中重点筛选出资料比较可靠、系列较长的 28 眼井作为分析计算井。

(4)地下水实际开采量资料及引水灌溉资料:1980~2005 年期间全市各乡镇地下水开采量、地表水灌溉水量资料。

(5)其他有关资料:包括以往有关研究成果和部分水源地抽水试验等成果,主要有《河南省水资源研究》(2005 年),《河南省地下水资源开发利用规划报告》(1997 年),《华北地区豫北地下水资源评价报告》(即"57"项成果,1989年),《华北地区地下水资源评价·华北地区地表水与地下水相互转化关系研究》(即"38"项成果,1987 年),《黄河下游影响带地下水资源评价及可持续开发利用》(2002 年),《毛河流域三水转化试验研究成果》(1982 年),《筒测法给水度试验》(1983 年),《大吴庄均衡试验厂》(1975 年),《商丘地区抽水试验》(1972 年)等。

5.2　浅层地下水评价类型区及计算区划分

5.2.1　类型区划分

根据《技术细则》和永城市的实际情况,永城市浅层地下水是指从地面到 40 ～60 m 深度范围内第四系孔隙水。

在永城市的东北部和南部分布有少量的剥蚀残丘的地形地貌,最高为芒砀山,达 156.8 m。被平原围裹的面积很小的残丘,不再划分,也划归到附近的平原区。

再根据水文地质条件划分出若干水文地质单元,对平原区再依据包气带岩性特征及厚度、多年平均地下水埋深把水文地质单元划分为若干个均衡计算区。均衡计算区、计算区是进行各项补给、排泄量计算的最小单元。永城市均衡计算区和计算区划分为四个,即包河区、浍河区、沱河区及王引河区。

5.2.2　计算面积

永城市平原区的计算面积,是各分区的平原区总面积扣除了水面和不透水面积(含水面、城镇、乡村建筑占地、公路面积等)后的剩余面积。

5.2.2　地下水矿化度分区

（1）计算分区

计算分区是指水资源三级分区套地级行政区,是进行各项规划成果统计的最小单元。永城市分为 4 个计算分区。

（2）汇总分区

按水资源分区、地下水类型区和矿化度(M)分别进行汇总。全市矿化度分区分为:淡水区,即 $M \leqslant 2\ g/L$;微咸水区,即 $M > 2\ g/L$。

永城市地下水矿化度分区面积见表 5-1。

表 5-1　　　　　　　永城市地下水矿化度分区面积表　　　　面积单位:km²

水资源区	类别	平原区地下水矿化度分区		
		≤2 g/L	>2 g/L	小计
包河	分区面积	343.8	2.0	345.8
浍河	分区面积	629.0	5.0	634.0
沱河	分区面积	517.9	14.0	531.9
王引河	分区面积	470.3	12.0	482.3
全市合计	分区面积	1 961.0	33.0	1 994.0

5.3　水文地质参数确定

水文地质参数确定是地下水评价的重要基础工作。其参数正确与否决定着水文地质评价成果的可靠程度。为确保计算参数的准确,在本次水资源调查评价中,按照不同岩性和地下水埋深,永城市共选取 26 眼观测井计算给水度和降水入渗系数,同时还参考河南省内部分水源地试验成果及安徽五道沟水均衡试验场研究成果,并经过流域委与邻近省份之间协调平衡,对各种参数综合确定,并合理取值。

5.3.1　给水度 μ 值

给水度是指饱和岩土在重力作用下自由排出水的体积与该饱和岩土体积的比值。本次永城市共选取 20 眼观测井,根据地下水动态及蒸发资料,按照阿维里扬诺夫公式 $E=E_0(1-H/H_0)^n$,用图解法做出 $\Delta H/E_0 \sim H$ 关系图,分别计算出四种岩性(粉细砂、亚砂土、亚黏土、亚砂土与亚黏土互层)的给水度,并收集了部分水源地用筒测法及抽水试验法确定的 μ 值。给水度 μ 值成果见表 5-2。

表 5-2　　　　　　　　　　　给水度 μ 值成果表

岩性	粉细砂	亚砂土	亚砂土、亚黏土互层	亚黏土
计算 μ 值	0.057~0.067	0.041~0.053	0.039~0.042	0.033~0.043
水源地试验 μ 值	0.048~0.067	0.040~0.055		0.025~0.040
综合确定 μ 值	0.060	0.045	0.040	0.035

5.3.2　降水入渗补给系数 α 值

降水入渗补给系数是指降水入渗补给量 P_r 与相应降水量 P 的比值。根据不同区域、不同岩性,永城市共选取 20 余眼观测井,采用公式 $\alpha_年 = \dfrac{\mu \cdot \sum \Delta H_次}{P_年}$ 计算出了 1980~2005 年期间,四种岩性不同埋深、不同降水量情况下的降水入渗系数 α 系列值。并根据五日观测井与逐日观测井的对比关系,对计算出的五日观测井的 α 值进行修正。其修正系数为 1.20。

在此基础上,将永城市的同类岩性进行组合,绘制出永城市不同岩性 $P \sim \alpha \sim H$ 关系曲线图,见图 5-1。永城市平原区降水入渗系数 α 值成果见表 5-3。

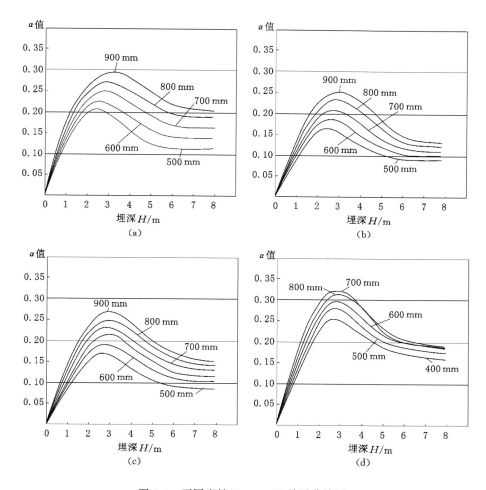

图 5-1　不同岩性 $P\sim\alpha\sim H$ 关系曲线图

（a）亚砂土;（b）亚黏土;（c）亚砂土、亚黏土互层;（d）粉细砂

5.3.3　灌溉入渗补给系数 β 值

灌溉入渗补给系数 β 是指田间灌溉入渗补给量 h_r 与进入田间的灌水量 $h_{灌}$（渠灌时,$h_{灌}$ 为进入斗渠的水量;井灌时,$h_{灌}$ 为实际开采量）的比值。

根据河南省兰考县张宜王、淮阳搬口的井灌回归试验和人民胜利渠的渠灌试验资料,灌溉试验结果见表 5-4。

表 5-3 　　　　　　　　永城市平原区降水入渗系数 α 年值成果表

岩性	降水量 /mm	不同埋深降水入渗系数 α 年值						
		0～1 m	1～2 m	2～3 m	3～4 m	4～5 m	5～6 m	＞6 m
亚黏土	300～400	0～0.07	0.06～0.15	0.13～0.16	0.15～0.12	0.12～0.10	0.10～0.08	0.08～0.07
	400～500	0～0.09	0.08～0.15	0.14～0.16	0.16～0.13	0.13～0.11	0.12～0.09	0.10～0.08
	500～600	0～0.10	0.09～0.16	0.15～0.17	0.17～0.14	0.15～0.13	0.14～0.10	0.11～0.09
	600～700	0～0.12	0.11～0.18	0.17～0.20	0.20～0.17	0.18～0.15	0.16～0.12	0.12～0.10
	700～800	0～0.14	0.13～0.20	0.19～0.23	0.23～0.19	0.20～0.17	0.17～0.14	0.13～0.11
	800～900	0～0.15	0.14～0.21	0.20～0.25	0.25～0.21	0.22～0.18	0.18～0.15	0.14～0.13
	900～1 100	0～0.14	0.12～0.19	0.17～0.22	0.22～0.17	0.18～0.13	0.14～0.10	0.14～0.10
	1 100～1 300	0～0.13	0.11～0.18	0.16～0.20	0.20～0.16	0.16～0.12	0.13～0.09	0.13～0.09
亚砂土、亚黏土互层	300～400	0～0.09	0.09～0.15	0.15～0.17	0.17～0.12	0.13～0.10	0.11～0.08	0.09～0.07
	400～500	0～0.10	0.10～0.16	0.16～0.19	0.19～0.14	0.16～0.13	0.14～0.10	0.10～0.08
	500～600	0～0.12	0.11～0.18	0.17～0.21	0.21～0.16	0.18～0.15	0.16～0.12	0.12～0.09
	600～700	0～0.15	0.13～0.21	0.20～0.23	0.23～0.18	0.20～0.16	0.17～0.14	0.14～0.10
	700～800	0～0.16	0.14～0.23	0.22～0.25	0.25～0.21	0.22～0.17	0.18～0.15	0.15～0.12
	800～900	0～0.17	0.15～0.24	0.23～0.26	0.26～0.23	0.23～0.18	0.19～0.16	0.16～0.13
	1 000～1 500							
亚砂土	300～400	0～0.10	0.09～0.17	0.17～0.19	0.19～0.16	0.16～0.13	0.13～0.12	0.12～0.08
	400～500	0～0.12	0.10～0.19	0.18～0.21	0.21～0.17	0.17～0.14	0.15～0.12	0.13～0.09
	500～600	0～0.14	0.12～0.21	0.20～0.23	0.23～0.19	0.20～0.16	0.17～0.14	0.15～0.12
	600～700	0～0.16	0.15～0.22	0.21～0.25	0.25～0.22	0.23～0.19	0.19～0.16	0.17～0.14
	700～800	0～0.17	0.16～0.23	0.23～0.27	0.27～0.24	0.25～0.21	0.21～0.18	0.19～0.15
	800～900	0～0.17	0.15～0.25	0.24～0.28	0.28～0.26	0.27～0.23	0.23～0.19	0.20～0.16
	900～1 100	0～0.16	0.16～0.22	0.21～0.24	0.24～0.18	0.21～0.16	0.20～0.15	0.20～0.15
	1 100～1 300	0～0.15	0.14～0.20	0.16～0.23	0.22～0.16	0.20～0.14	0.19～0.14	0.19～0.14
粉细砂	300～400	0～0.14	0.13～0.21	0.20～0.25	0.25～0.23	0.24～0.20	0.20～0.16	0.17～0.14
	400～500	0～0.15	0.14～0.24	0.23～0.27	0.27～0.24	0.25～0.21	0.22～0.18	0.19～0.15
	500～600	0～0.18	0.17～0.25	0.24～0.28	0.28～0.25	0.26～0.22	0.23～0.19	0.20～0.16
	600～700	0～0.18	0.18～0.27	0.26～0.32	0.32～0.26	0.27～0.23	0.24～0.20	0.21～0.17
	700～800	0～0.18	0.17～0.27	0.26～0.32	0.32～0.26	0.27～0.23	0.24～0.20	0.21～0.16
	800～900	0～0.17	0.16～0.27	0.26～0.31	0.31～0.26	0.27～0.23	0.24～0.20	0.21～0.16
	1 000～1 500							

表 5-4　　　　　　　　　　　灌溉试验成果表

灌溉形式	试验地点	土壤岩性	地下水平均埋深/m	灌水定额/(m³/a)	实测灌溉入渗系数 β 值
井灌	淮阳县撗口	亚砂土、亚黏土互层	3.0	40	0.139 8
				60	0.128
	兰考县张宜王	粉细砂	2.4	50	0.196 1
				70	0.240 6
渠灌	人民胜利渠西一干一支渠	亚砂土	2.03	64	0.377 1
	人民胜利渠一干五支渠	亚黏土	2.32	78	0.407
		亚砂土	2.19	90	0.323

在永城市灌溉入渗试验数据的基础上,参考《河南省水资源研究》成果确定永城市田间灌溉入渗补给系数 β 值综合成果见表 5-5。

5.3.4　渠系渗漏补给系数 m 值

渠系渗漏补给系数是指渠系渗漏补给量 $Q_{渠系}$ 与渠首引水量 $Q_{渠首引}$ 的比值,即: $m = Q_{渠系}/Q_{渠首引}$。

在确定 m 值时,一般采用以下计算公式:

$$m = \gamma \cdot (1 - \eta) \tag{5-1}$$

式中　γ——修正系数(无因次);

　　　η——渠系水有效利用系数。

永城市渠系渗漏补给系数 m 值综合成果见表 5-6。

表 5-5　　　　永城市田间灌溉入渗系数 β 值综合成果表

灌区类型	岩性	灌溉定额/(m³/a·次)	不同地下水埋深的 β 值				
			1~2 m	2~3 m	3~4 m	4~6 m	>6 m
井灌	黏性土	40~50	0.20	0.18	0.15	0.13	0.10
	砂性土	40~50	0.22	0.20	0.18	0.15	0.13
渠灌	黏性土	50~70	0.22	0.20	0.18	0.15	0.12
	砂性土	50~70	0.27	0.25	0.23	0.20	0.17

说明:本表黏性土是指田间土壤以亚黏土为主,砂性土是指田间土壤以亚砂土为主。

表 5-6　　　　　　　　永城市渠系渗漏补给系数 *m* 值综合成果表

灌区类型	η	γ	m
引黄灌区	0.5～0.6	0.3～0.4	0.12～0.20
其他一般灌区	0.45～0.55	0.35～0.45	0.16～0.20

5.3.5　潜水蒸发系数 *C* 值

潜水蒸发系数是指潜水蒸发量 E 与相应计算时段的水面蒸发量 E_0 的比值，即 $C = E/E_0$。E 按下列经验公式计算：

$$E = k \cdot E_0 \left(1 - \frac{Z}{Z_0}\right)^n \tag{5-2}$$

式中　Z——潜水埋深，m；

Z_0——极限埋深，m；

n——经验指数，一般取 1.0～3.0；

k——修正系数，无作物时取 0.9～1.0，有作物时取 1.0～1.3；

E, E_0——潜水蒸发量和水面蒸发量，mm。

根据以往五道沟、德州、太原等地区水均衡试验场资料，综合确定潜水蒸,发系数见表 5-7 和图 5-2。

表 5-7　　　　　　　　　　潜水蒸发系数 *C* 值成果表

岩性	有无作物	不同埋深 C 值							
		0.5 m	1.0 m	1.5 m	2.0 m	2.5 m	3.0 m	3.5 m	4.0 m
黏性土	无	0.10～0.35	0.05～0.20	0.02～0.09	0.01～0.05	0.01～0.03	0.01～0.02	0.01～0.015	0.01
	有	0.35～0.65	0.20～0.35	0.09～0.18	0.05～0.11	0.03～0.05	0.02～0.04	0.015～0.03	0.01～0.03
砂性土	无	0.40～0.50	0.20～0.40	0.10～0.20	0.03～0.15	0.03～0.10	0.02～0.05	0.01～0.03	0.01～0.03
	有	0.50～0.70	0.40～0.55	0.20～0.40	0.15～0.30	0.10～0.20	0.05～0.10	0.03～0.07	0.01～0.03

5.3.6　渗透系数 *K* 值

渗透系数为水力坡度等于 1 时的渗透速度。影响渗透系数 *K* 值大小的主要因素是岩性及其结构特征。确定渗透系数 *K* 值方法有抽水试验、室内仪器测定、野外同心环或试坑注水试验等。参考永城市部分水源地试验研究成果，并结合各种岩性的经验 *K* 值，确定的渗透系数 *K* 值成果，见表 5-8。

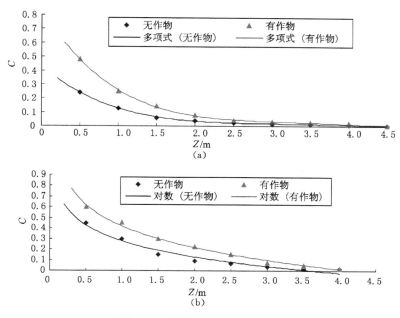

图 5-2　不同岩性 $C \sim Z$ 关系图

（a）黏性土；（b）砂性土

表 5-8　　　　　　　　　　　　　渗透系数 K 值成果表

岩性	K 值/(m/d)
黏土	<0.1
亚黏土	0.1~0.25
亚砂土	0.25~0.50
粉细砂	1.0~8.0
细砂	5.0~10.0
中细砂	8~15
中粗砂	15~25
含砾中细砂	30
砂砾石	50~100
砂卵砾石	100~200

5.4 浅层地下水资源量评价方法

5.4.1 平原区地下水资源量计算

5.4.1.1 平原区地下水资源量评价方法

本次评价的平原区地下水资源量是指近期下垫面条件下，由降水、地表水体入渗补给及侧向补给地下含水层的动态水量。评价原理采用水均衡法，可用下列公式表示：

$$Q_{总补} = Q_{总排} + \Delta W \tag{5-3}$$

其中，

$$Q_{总补} = P_r + Q_{地表水体补} + Q_{山前} + Q_{井归}$$

$$Q_{总排} = Q_{开采} + Q_{河排} + W_E$$

式中　$Q_{总补}$，$Q_{总排}$——多年平均地下水总补给量、地下水总排泄量；

　　　　ΔW——地下水蓄变量（水位下降时为负值，水位上升时为正值）；

　　　　P_r——降水入渗补给量；

　　　　$Q_{山前}$——山前侧向补给量；

　　　　$Q_{井归}$——井灌回归补给量；

　　　　$Q_{开采}$——浅层地下水开采量；

　　　　$Q_{河排}$——河道排泄量；

　　　　W_E——潜水蒸发量；

　　　　$Q_{地表水体补}$——地表水体补给量，包括河道渗漏补给量、库塘渗漏补给量、渠系渗漏补给量、渠灌田间入渗补给量及以地表水为回灌水源的人工回灌补给量之和。

平原区地下水资源量（$Q_{平原}$）等于总补给量与井灌回归补给量之差值，即：

$$Q_{平原} = Q_{总补} - Q_{井归} \tag{5-4}$$

5.4.1.2 平原区地下水补给量计算

平原区地下水补给量包括降水入渗补给量、地表水体补给量、山前侧向补给量及井灌回归补给量，其中降水入渗补给量是最主要的补给量。本次计算了1956～2005 年共 50 年的降水入渗补给量系列，其他各项补给量计算了 1980～2005 年期间的多年平均值。

（1）降水入渗补给量 P_r 计算

降水入渗补给量 P_r 指降水渗入到土壤中并在重力作用下渗透补给地下水的水量。其计算公式为：

$$P_r = 10^{-1} \cdot P \cdot \alpha \cdot F \qquad (5\text{-}5)$$

式中　P_r——降水入渗补给量，万 m^3/a；

　　　P——年降水量，mm；

　　　α——降水入渗补给系数；

　　　F——计算面积，km^2。

降水量采用各计算单元 1956～2005 年逐年的面平均降水量；α 值根据地下水埋深和年降水量，从建立的相应包气带不同岩性 $P_{\text{年}} \sim \alpha_{\text{年}} \sim H_{\text{年}}$ 关系曲线查得，从而计算出 1956～2005 年系列及多年平均降水入渗补给量值。

其计算结果如下：永城市多年平均降水入渗补给量为 33 229.2 万 m^3/a，其中淡水区的为 32 667.4 万 m^3/a，微咸水区的为 561.8 万 m^3/a。

（2）地表水体补给量计算

地表水体补给量是指河道渗漏补给量、闸坝坑塘渗漏补给量、渠系渗漏补给量、渠灌田间入渗补给量及人工回灌补给量之和。

① 河流与闸坝渗漏补给量 $Q_{\text{河补}}$

当河道水位高于河道岸边地下水水位时，河水渗漏补给地下水。其采用地下水动力学法（剖面法）计算，即按达西公式计算：

$$Q_{\text{河补}} = 10^{-4} \cdot K \cdot I \cdot A \cdot L \cdot t \qquad (5\text{-}6)$$

式中　$Q_{\text{河补}}$——单侧河道渗漏补给量，万 m^3/a；

　　　K——剖面位置不同岩性的渗透系数，m/d；

　　　I——垂直于剖面的水力坡降（无因次）；

　　　A——单位长度河道垂直于地下水流向的剖面面积，m^2/m；

　　　L——河道或河段长度，m；

　　　t——河道或河段过水（或渗漏）时间，d。

若河道或河段两岸水文地质条件类似且都有渗漏补给时，则以 $Q_{\text{河补}}$ 的两倍即为两岸的渗漏补给量。

② 渠系、渠灌田间渗漏补给量

渠系渗漏补给量和渠灌田间渗漏补给量都采用系数法计算，即按下列公式计算：

$$Q_{\text{渠系}} = m \cdot Q_{\text{渠引}} \qquad (5\text{-}7)$$

$$m = \gamma \cdot (1 - \eta)$$

$$Q_{\text{渠灌}} = \beta_{\text{渠}} \cdot Q_{\text{渠田}} \qquad (5\text{-}8)$$

式中　$Q_{\text{渠系}}$——渠系渗漏补给量，万 m^3/a；

　　　m——渠系渗漏补给系数；

　　　$Q_{\text{渠引}}$——渠首引水量，万 m^3/a；

γ——修正系数;

η——渠系水有效利用系数;

$Q_{渠灌}$——渠灌田间入渗补给量,万 m^3/a;

$\beta_{渠}$——渠灌田间入渗补给系数;

$Q_{渠田}$——渠灌水进入斗渠渠首水量,万 m^3/a。

其计算结果为:全市多年平均渠系、渠灌田间渗漏补给量合计为 1 468.0 万 m^3/a,其中淡水区的为 1 443.7 万 m^3/a,微咸水区的为 24.3 万 m^3/a。

③ 井灌回归补给量

井灌回归补给量是指开采的地下水进入田间后,入渗补给地下水的水量。其计算公式为:

$$Q_{井灌} = \beta_{井} \cdot Q_{井田} \qquad (5\text{-}9)$$

式中　$Q_{井灌}$——井灌回归补给量,万 m^3/a;

$\beta_{井}$——井灌回归补给系数;

$Q_{井田}$——井灌开采量,万 m^3/a。

井灌开采量为 1980~2005 年期间的逐年调查统计值。据此计算出全市多年平均井灌回归补给量为 1 607.4 万 m^3/a,其中淡水区的为 1 580.8 万 m^3/a,微咸水区的为 26.6 万 m^3/a。

5.4.1.3　地下水总补给量计算结果

根据上述各分项补给量的计算结果,求得永城市多年平均地下水总补给量为 36 304.6 万 m^3/a,其中淡水区的为 35 691.9 万 m^3/a,微咸水区的为 612.7 万 m^3/a。永城市流域分区各项补给量及总补给量成果见表 5-9。

表 5-9　　　　　　永城市浅层地下水多年平均补给量成果表　　　　单位:万 m^3/a

流域	矿化度分区	降水入渗补给	地表水体补给	山前侧渗量	井灌回归量	总补给量
包河	$M \leqslant 2$ g/L	5 145.9	253.1		277.1	5 676.1
	$M > 2$ g/L	29.9	1.5		1.6	33.0
	小计	5 175.8	254.6		278.7	5 709.1
浍河	$M \leqslant 2$ g/L	10 465.3	463.1		507.0	11 435.4
	$M > 2$ g/L	83.2	3.7		4.0	90.9
	小计	10 548.5	466.8		511.0	11 526.3
沱河	$M \leqslant 2$ g/L	8 913.7	381.3		417.5	9 712.5
	$M > 2$ g/L	241.0	10.3		11.3	262.6
	小计	9 154.7	391.6		428.8	9 975.1

流域	矿化度分区	降水入渗补给	地表水体补给	山前侧渗量	井灌回归量	总补给量
王引河	$M \leqslant 2$ g/L	8142.4	346.2		379.1	8 867.7
	$M > 2$ g/L	207.8	8.8		9.7	226.3
	小计	8 350.2	355.0		388.8	9 094.0
全市	$M \leqslant 2$ g/L	32 667.3	1 443.7		1 580.8	3 5691.9
	$M > 2$ g/L	561.8	24.3		26.6	612.7
	小计	33 229.1	1 468.0		1 607.4	36 304.6

5.4.2　平原区排泄量计算

平原区排泄量包括潜水蒸发量、河道排泄量、侧向流出量和浅层地下水实际开采量。潜水蒸发量本次只计算 1980～2005 年系列多年平均值,为便于计算水资源可利用总量,河道排泄量则进行逐年计算。计算区补给项中侧向流入量与排泄项中侧向流出量基本相等,且属于水资源量中的重复计算量,故平原区侧向流出量本次不予考虑。

5.4.2.1　潜水蒸发量

潜水蒸发量是指潜水在毛细管力作用下,通过包气带岩土向上运动形成的蒸发量。采用系数法计算潜水蒸发量,其公式为:

$$W_E = E \cdot F = 10^{-1} E_0 C F \qquad (5\text{-}10)$$

式中　W_E——潜水蒸发量,万 m^3/a;

　　　E——潜水蒸发量,mm/a;

　　　E_0——水面蒸发量(采用 E601 型蒸发器的观测值),mm/a;

　　　C——潜水蒸发系数;

　　　F——计算面积,km^2。

其计算结果如下:永城市多年平均潜水蒸发量为 20 689.2 万 m^3/a,其中淡水区的为 20 341.7 万 m^3/a,微咸水区的为 347.5 万 m^3/a。

5.4.2.2　地下水实际开采量

地下水实际开采量是通过各乡调查统计得出,再分配到各计算区。经统计分析,20 世纪 70 年代以来,永城市地下水开采量增加趋势非常明显,80 年代其平均为 10 161.7 万 m^3,90 年代其增加到 21 586.2 万 m^3,其中特旱年(1998 年)地下水开采达 32 234.1 万 m^3。按分类统计,农业灌溉开采量最大,但 20 世纪 80 年代中期以后,工业与生活地下水开采量大幅度增加。1980～2005 年全市多年平均地下水开采量为 16 073.8 万 m^3/a。

5.4.2.3 河道排泄量

河道排泄量是指河水位低于两岸地下水位时,地下水向河道排泄的水量。河道排泄量采用剖面法达西公式计算。

本次评价通过对丰、平、枯年份不同频率的计算,得出:包河多年平均基流量为 19.8 万 m³/a,浍河多年平均基流量为 25.9 万 m³/a,沱河多年平均基流量为 29.3 万 m³/a,王引河多年平均基流量为 24.2 万 m³/a,永城市全市合计为 99.2 万 m³/a。该量所占比例较小,因此该项没有参加计算。

5.4.2.4 地下水总排泄量计算结果

根据上述计算结果,永城市多年平均地下水总排泄量为 36 763.0 万 m³/a,其中淡水区的为 36 149.5 万 m³/a,微咸水区的为 613.5 万 m³/a。永城市浅层地下水多年平均排泄量及总排泄量成果见表 5-10。

表 5-10　　　　永城市浅层地下水多年平均排泄量成果表　　　单位:万 m³/a

流域	矿化度分区	潜水蒸发	浅层水开采	平原河道排泄	总排泄量
包河	$M\leqslant2$ g/L	2 956.7	2 771.4		5 728.1
	$M>2$ g/L	17.2	16.1		33.3
	小计	2 973.9	2 787.5		5 838.8
浍河	$M\leqslant2$ g/L	6 928.3	5 070.4		11 998.8
	$M>2$ g/L	55.1	40.3		95.4
	小计	6 983.4	5 110.7		12 094.0
沱河	$M\leqslant2$ g/L	5 554.8	4 174.8		9 729.7
	$M>2$ g/L	150.2	112.9		263.1
	小计	5 705.0	4 287.7		9 926.7
王引河	$M\leqslant2$ g/L	4 901.9	3 791.1		8 693.0
	$M>2$ g/L	125.1	96.7		221.8
	小计	5 026.9	3 887.9		8 915.0
全市	$M\leqslant2$ g/L	20 341.7	15 807.8		36 149.5
	$M>2$ g/L	347.5	266.0		613.5
	小计	20 689.2	16 073.8		36 763.0

5.4.3 平原区地下水均衡计算

（1）浅层地下水蓄变量计算

浅层地下水蓄变量是指计算区初时段与末时段浅层地下水储存量的差值。

其计算公式为：

$$\Delta W = 10^{-2} \cdot (h_2 - h_1) \cdot \mu \cdot F / t \tag{5-11}$$

式中　ΔW——浅层地下水蓄变量，万 m^3/a；

　　　h_1——计算时段初地下水埋深，m；

　　　h_2——计算时段末地下水埋深，m；

　　　μ——浅层地下水变幅带给水度；

　　　F——计算面积，km^2；

　　　t——计算时段长，a。

本次采用永城市全市 28 眼地下水长观井资料，计算出 1980～2005 年期间浅层水总蓄变量为 -183.0 万 m^3，表明永城市 26 年间地下水储存量总共减少了 183.0 万 m^3，平均每年减少 7.04 万 m^3，其中淡水区地下水年均减少 6.87 万 m^3，微咸水区地下水年均减少 0.16 万 m^3。

（2）浅层地下水水均衡分析

浅层地下水水均衡是指平原区多年平均地下水总补给量 $Q_{总补}$、总排泄量 $Q_{总排}$、蓄变量 ΔW 三者之间的平衡关系。三者的关系用公式表示为：

$$Q_{总补} - Q_{总排} \pm \Delta W = X \tag{5-12}$$

$$\delta = \frac{X}{Q_{总补}} \cdot 100\%$$

式中　X——绝对均衡差，万 m^3；

　　　δ——相对均衡差，%。

当 $|X|$ 值或 $|\delta|$ 值较小时，可近似判断为 $Q_{总补}$、$Q_{总排}$、ΔW 三项计算成果的计算误差较小，计算精度较高；反之，则表明计算误差较大，计算精度较低。

通过计算分析，永城市相对均衡差为 2.75%，其中包河、浍河、沱河、王引河分别为 -0.91%、5.93%、0.21%、3.35%，见表 5-11。从流域三级区水均衡来看，大部分区域的相对均衡差绝对值都小于 10%，符合《技术细则》要求。

表 5-11　　　　　　永城市多年平均浅层地下水均衡分析表　　　水量单位：万 m^3/a

流域分区	总补给量	总排泄量	地下水年均蓄变量	绝对均衡差	相对均衡差/%
包河	5 175.8	5 838.8	-0.4	5.0	-2.5
浍河	10 548.5	12 094.0	-18.9	742.9	6.9
沱河	9 154.7	9 926.7	-38.6	48.4	0.1
王引河	8 350.2	8 915.0	-125.1	179.0	0.6
全市合计	33 229.1	36 763.0	-183.0	1 035.1	2.0

5.4.4 分区地下水资源量计算

计算分区 1980～2005 年多年平均地下水资源量采用下式计算：

$$Q_资 = P_{r山} + Q_{平资} - Q_{侧补} - Q_{基补} \tag{5-13}$$

式中 $Q_资$ ——计算分区近期多年平均地下水资源量；

       $P_{r山}$ ——山丘区多年平均地下水资源量（多年平均降水入渗补给量）；

       $Q_{平资}$ ——平原区多年平均地下水资源量；

       其余符号意义同前。

5.5 浅层地下水资源量计算

根据平原区地下水资源量评价方法和补给量计算成果，永城市地下水资源量为 34 697.2 万 m^3/a，其中淡水区的为 34 111.1 万 m^3/a，微咸水区的为 586.1 万 m^3/a。按补给项分类，永城市地下水资源量中，降水入渗补给量为 33 229.2 万 m^3/a，约占总补给量的 91.5%；地表水体补给量为 1 468.0 m^3/a，约占总补给量的 4.1%；井灌回归补给量为 1 607.4 m^3/a，占总补给量的 4.4%。永城市地下水资源量构成见图 5-3。永城市流域分区浅层地下水资源量成果见表 5-12。

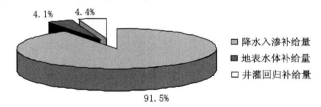

图 5-3   永城市地下水资源量构成图

表 5-12   永城市流域分区浅层地下水资源量成果表   水量单位：万 m^3/a

行政区名称	淡水区（$M \leqslant 2$ g/L）			微咸水区（$M > 2$ g/L）			分区合计		
	降水入渗补给	地表水体补给	平原区地下水资源量	降水入渗补给	地表水体补给	平原区地下水资源量	降水入渗补给	地表水体补给	平原区地下水资源量
包河	5 145.9	253.1	5 399	29.9	1.5	31.4	5 175.8	254.6	5 430.4
浍河	10 465.3	463.1	10 928.4	83.2	3.7	86.9	10 548.5	466.8	11 015.3
沱河	8 913.8	381.3	9 295.1	241	10.3	251.3	9 154.7	391.6	9 546.3
王引河	8 142.4	346.2	8 488.6	207.8	8.8	216.6	8 350.1	355.1	8 705.2
全市合计	32 667.3	1 443.7	34 111.1	561.8	24.3	586.1	33 229.2	1 468.0	34 697.2

5.5.1　分区地下水资源量

根据分区地下水资源量计算方法及平原区地下水资源量计算结果，1980～2005 年永城市多年平均地下水资源量为 34 697.2 万 m³/a，其中：包河分区的为 5 430.4 万 m³/a；浍河分区的为 11 015.3 万 m³/a；沱河分区的为 9 546.3 万 m³/a；王引河分区的为 8 705.2 万 m³/a。按矿化度分区，永城市淡水区地下水资源量为 34 111.1 万 m³/a（矿化度≤2 g/L），微咸水区地下水资源量为 586.1 万 m³/a。

永城市不同地质的地下水资源量状况见附表 1（P109）。

5.5.2　地下水资源量分布特征

地下水资源量主要受水文气象、地形地貌、水文地质、植被、水利工程等因素的影响，其区域分布一般采用模数表示。为了反映近期下垫面条件下的地下水资源量分布特征，本次评价按地下水资源量模数分布情况，分别绘制了永城市地下水资源量模数分区图（图 5-4）、降水入渗补给量模数分区图（图 5-5）、地下水总补给量模数分区图（图 5-6）。

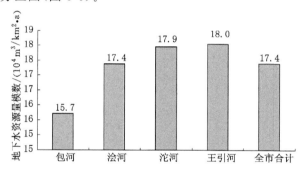

图 5-4　永城市地下水资源量模数分区图

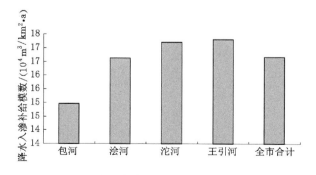

图 5-5　永城市降水入渗补给量模数分区图

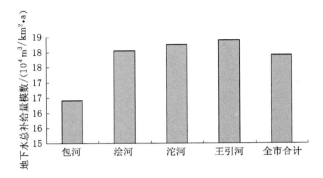

图 5-6 永城市地下水总补给量模数分区图

第6章 水资源总量计算与分析

水资源总量是指当地降水形成的地表和地下产水量,即地表径流量与降水入渗补给量之和。本评价水资源总量计算采用地表水资源量(河川径流量)与降水入渗补给量之和再扣除降水入渗补给量形成的河道基流排泄量的计算方法。

6.1 水资源总量计算方法

分区水资源总量一般用下列公式计算

$$W = R_s + P_r \qquad (6-1)$$

或

$$W = R + P_r - R_g \qquad (6-2)$$

式中 W——水资源总量;

R_s——地表径流量(不包括河川基流量);

R——河川径流量(即地表水资源量);

P_r——地下水的降水入渗补给量(山丘区用地下水总排泄量代替);

R_g——河川基流量(平原区只计降水入渗补给量形成的河道排泄量)。

式(6-1)和式(6-2)中各分量可直接采用地表水和地下水资源评价的系列成果。

6.2 水资源总量计算成果

6.2.1 不同系列水资源总量计算成果

(1)1956~2005 年多年平均水资源总量

永城市 1956~2005 年多年平均地表水资源量为 17 756.2 万 m³,降水入渗补给量为 32 111.0 万 m³,全市水资源总量为 49 867.2 m³,产水模数为 25.0 万 m³/km²,产水系数为 0.31(见表 6-1),其中包河产水模数为 24.9 万 m³/km²,产水系数为 0.32;浍河产水模数为 26.0 万 m³/km²,产水系数为 0.33;沱河产水模数为 24.0 万 m³/km²,产水系数为 0.31;王引河产水模数为 24.9 万 m³/km²,产水系数为 0.30。

表 6-1 　　　　　　　1956～2005 年永城市流域分区水资源总量表

水资源分区	面积/km²	水资源总量/万 m³	产水模数/(万 m³/km²)	降水量/mm	产水系数
包河	345.8	8 605.7	24.9	790.8	0.31
浍河	634	16 487.8	26.0	813.9	0.32
沱河	531.9	12 783.4	24.0	787.3	0.31
王引河	482.3	11 990.3	24.9	825.6	0.30
全市	1 994	49 867.2	25.0	805.6	0.31

　　本次计算 1956～1979 年全市水资源总量为 52 843.3 万 m³，产水模数为 26.5 万 m³/km²，产水系数为 0.32（见表 6-2）。永城市 1956～2005 年系列水资源总量为 49 867.2 万 m³，比 1956～1979 年系列的偏少 5.6%。

表 6-2 　　　　　　　1956～1979 年永城市流域分区水资源总量表

水资源分区	面积/km²	水资源总量/万 m³	产水模数/(万 m³/km²)	降水量/mm	产水系数
包河	345.8	9 661.7	27.9	829.6	0.34
浍河	634	17 740.0	28.0	825.2	0.34
沱河	531.9	13 013.0	24.5	818.6	0.30
王引河	482.3	12 428.6	25.8	865.5	0.30
全市	1 994	52 843.3	26.5	833.9	0.32

　　（2）1980～2005 年多年平均水资源总量

　　永城市 1980～2005 年多年平均水资源总量为 47 120.0 万 m³，产水模数为 23.6 万 m³/km²，产水系数为 0.30（见表 6-3），其中包河水资源总量为 7 630.9 万 m³，产水模数为 22.1 万 m³/km²，产水系数为 0.29；浍河水资源总量为 15 331.8 万 m³，产水模数为 24.2 万 m³/km²，产水系数为 0.30；沱河水资源总量为 12 571.6 万 m³，产水模数为 23.6 万 m³/km²，产水系数为 0.31；王引河水资源总量为 11 585.8 万 m³，产水模数为 23.6 万 m³/km²，产水系数为 0.30。

表 6-3 　　　　　　　1980～2005 年永城市流域分区水资源总量表

水资源分区	面积/km²	水资源总量/万 m³	产水模数/(万 m³/km²)	降水量/mm	产水系数
包河	345.8	7 630.9	22.1	755.0	0.29
浍河	634	15 331.8	24.2	803.4	0.30

水资源分区	面积/km²	水资源总量/万 m³	产水模数/(万 m³/km²)	降水量/mm	产水系数
沱河	531.9	12 571.6	23.6	758.3	0.31
王引河	482.3	11 585.8	24.0	788.8	0.30
全市	1 994	47 120.0	23.6	779.5	0.30

6.2.2　不同系列水资源总量计算成果比较

1956～2005 年多年平均水资源总量与 1956～1979 年多年平均水资源总量相比较,永城市水资源总量偏少 5.6%,其中包河水资源总量偏少 10.9%,浍河水资源总量偏少 7.1%,沱河水资源总量偏少 1.8%,王引河水资源总量偏少 3.5%(见表 6-4)。

表 6-4　1956～2005 年与 1956～1979 年系列永城市水资源总量比较分析表

水资源分区	1956～1979 年		1956～2005 年		1956～2005 年与 1956～1979 系列 比较/%
	面积 /km²	水资源总量 /万 m³	面积 /km²	水资源总量 /万 m³	
包河	345.8	9 661.7	345.8	8605.7	−10.9
浍河	634	17 740	634	16 487.8	−7.1
沱河	531.9	13 013	531.9	12 783.4	−1.8
王引河	482.3	12 428.6	482.3	11 990.3	−3.5
全市	1 994	52 843.3	1994	49 867.2	−5.6

第7章 水资源可利用量分析与计算

7.1 水资源可利用量计算原则

水资源可利用量计算应遵循以下原则。

（1）维系水资源可持续利用的原则

水资源可利用量应控制在合理的可利用范围内,既要充分利用和合理配置水资源,又要维持水资源环境的良好状态,以保障水资源的可持续利用。

（2）统筹兼顾,优先保证最小生态环境需水的原则

统筹协调生活、生产和生态等各项用水,保证河道内最小生态环境需水的要求。

（3）以流域水系为系统的原则

水资源分布以流域水系为特征,形成一个完整的水资源系统。水资源量是按流域和水系独立计算的,水资源可利用量也应按流域和水系进行评价,以保持计算成果的一致性、准确性和完整性。同时,在水资源系统中"三水"转化强烈,地表水和地下水水力联系密切,计算水资源可利用量时要把相互转化的水量分析清楚,避免可利用水量的重复计算。

（4）因地制宜的原则

受地理条件和经济发展的制约,不同类型、不同流域水系的水资源可利用量分析的重点与计算方法有所不同,应根据区域特征并结合资料情况,选择相适宜的计算方法,计算水资源可利用量。

7.2 水资源可利用量计算方法

7.2.1 地表水可利用量计算方法与过程

7.2.1.1 地表水可利用量计算方法

地表水可利用量计算方法因河流水系特点、水资源量的丰枯及变化、水资源开发利用程度等具体情况,采用不同的计算方法。永城市属于北方水资源紧缺

地区,按照《技术细则》要求,对其地表水可利用量采用倒算法。

倒算法是用多年平均水资源量减去不可以被利用水量和不可能被利用水量,求得多年平均地表水资源可利用量。其计算公式为:

$$W_{地表水可利用量} = W_{地表水资源量} - W_{河道内最小生态环境需水量} - W_{洪水弃水} \qquad (7-1)$$

倒算法的基本思路是从多年平均地表水资源量中扣除非汛期河道内最小生态环境用水和生产用水,以及汛期难于控制利用的洪水量,剩余的水量作为可供河道外用水户利用,即为地表水资源可利用量。

(1)不可以被利用水量

不可以被利用水量指不允许利用的水量。它包括河道内生态环境需水量和河道内生产需水量。由于河道内需水具有基本不消耗水量和可重复利用等特点,因此应选择河道内各项需水量的最大量,作为河道内需水量。

河道内生态环境需水量主要包括维持河道基本功能的需水量、河湖泊湿地需水量、河口生态环境需水量等。

维持河道基本功能需水量是指河道基流量。它是维持河床基本形态,保障河道输水能力,防止河道断流、保持水体一定的自净能力的最小流量。为维系河流的最基本环境功能不受破坏,必须在河道中常年流动着的最小水量阈值。

(2)不可能被利用水量

不可能被利用水量指受种种因素和条件的限制,无法被利用的水量。它主要包括:超出工程最大调蓄能力和供水能力的洪水量;在可预见时期内受工程经济技术条件影响不可能被利用的水量。

汛期难于控制利用洪水量指在可预期的时期内,不能被工程措施控制利用的汛期洪水量。汛期水量中除一部分可供当时利用,还有一部分可通过工程蓄存起来供今后利用外,其余水量即为汛期难于控制利用的洪水量。

由于洪水量年际变化大,丰水年的一次或数次大洪水弃水量往往占很大比重,而枯水年或一般年份弃水较少,甚至没有弃水。因此,要计算多年平均情况下的汛期难于控制利用的洪水量,不宜采用简单的选择某一典型年的计算方法,而应以未来工程最大调蓄与供水能力为控制条件,采用天然径流量长系列资料,逐年计算汛期难于控制利用下泄的水量,以求得多年平均汛期难于控制利用下泄洪水量。

7.2.1.2　永城市地表水可利用量计算

(1)河流和控制代表站选择

主要河流的地表水可利用量是区域水资源可利用量评价的基础。它是以河流控制站的可利用量计算为基本依据。本次永城市地表水可利用量评价的主要河流和控制代表站有:浍河(黄口站)、沱河(永城站)。永城市全市共计评价 4 条河流和 2 个控制站。

（2）评价方法选择

永城市基本属于北方水资源紧缺地区，本次地表水可利用量计算采用倒算法。河道内最小生态环境用水量和其他用水量，采用多年平均天然径流百分数法计算。通过对永城市河流径流特性分析并结合代表站典型年的分析计算，河道内最小生态环境用水量按多年平均天然年径流量的 15% 计算。

永城市处于南北过渡地带。根据市内河流水文特性分析，确定汛期为 6～9月，汛期不可能被利用的洪水量采用长系列天然径流量资料计算，逐年计算汛期难于控制的下泄洪水量，由此计算多年平均汛期不可能被利用的洪水量。

（3）计算结果

① 主要控制站地表水可利用量计算结果

主要控制站地表水多年平均径流量减去河道生态环境需水量和多年平均下泄洪水量，求得主要控制站多年平均地表水可利用量。永城市主要控制站地表水可利用量分析计算结果见表 7-1。

表 7-1　　　　永城市主要控制站地表水可利用量分析计算结果表　　单位：万 m³

河流	控制站	面积/km²	多年平均天然径流量	河道生态环境需水量	多年平均下泄洪水量	地表水资源可利用量
浍河	黄口	1 201	11 360.0	1 700.0	6 780.0	2 880.0
沱河	永城	2 237	15 550.0	2 330.0	4 520.0	8 700.0

控制站地表水可利用量计算结果表明，浍河地表水可利用率为 25.4%，沱河的为 55.9%。

② 分区地表水可利用量计算结果

永城市分区地表水可利用量计算是在主要河流可利用量计算成果基础上汇总求得。包河、王引河因没有水文站，多年平均地表水可利用量，分别采用黄口站和永城站进行类比，浍河、沱河多年平均地表水可利用量采用黄口站、永城站资料面积比拟。其中河道内生态环境需水量按分区多年平均地表水资源量的 15% 计算。永城市分区地表水可利用量分析计算结果见表 7-2。

通过上述计算，永城市多年平均地表水可利用量为 6 672.4 万 m³，占多年平均天然径流量 17 756.2 万 m³ 的 37.8%。其中包河地表水可利用量为 841.2 万 m³，占多年平均天然径流量 3 398.2 万 m³ 的 24.8%；浍河地表水可利用量为 1 619.5 万 m³，占多年平均天然径流量 6 618.8 万 m³ 的 24.5%；沱河地表水可利用量为 2 158.8 万 m³，占多年平均天然径流量 3 942.7 万 m³ 的 54.8%；王引河地表水可利用量为 2 052.9 万 m³,占多年平均天然径流量 3 796.5 万 m³ 的 54.1%。

表 7-2　　　　　永城市分区地表水可利用量分析计算结果表　　　　　单位:万 m³

河流	面积/km²	多年平均天然径流量	河道生态环境需水量	多年平均下泄洪水量	地表水资源可利用量
包河	345.8	3 398.2	509.7	2 047.3	841.2
浍河	634	6 618.8	992.8	4 006.5	1 619.5
沱河	531.9	3 942.7	591.4	1 192.5	2 158.8
王引河	482.3	3 796.5	569.5	1 174.1	2 052.9
全市	1 994	17 756.2	2 663.4	8 420.4	6 672.4

7.2.2　地下水可开采量计算方法与过程

7.2.2.1　地下水可开采量计算方法

根据目前人们对地下水可利用量概念的理解和条件的限制,平原区浅层地下水可开采量计算方法可采用可开采系数法。

可开采系数法适用于含水层水文地质条件研究程度较高的地区。该区域浅层地下水含水层的岩性组成、厚度、渗透性能及单井涌水量、开采影响半径等情况比较清楚,并且浅层地下水有一定的开发利用水平,同时积累了较长系列开采量调查统计与水位动态观测资料。

7.2.2.2　永城市地下水可利用量(可开采量)计算

永城市地下水可利用量(可开采量)计算只计算平原区浅层地下水可利用量(可开采量),而且采用可开采系数法。

(1)进行计算分区

永城市地下水可利用量计算分区采用平原区地下水资源量计算分区。

(2)确定可开采系数值

① 可开采系数 ρ 值的确定依据

a. 水文地质条件

(a)包气带土壤岩性。它决定地下水补给条件,因而也就决定地下水资源量的多少。一般在补给条件相同情况下,包气带土壤颗粒粗,下渗能力强,有利地下水补给;反之,则不利。

(b)含水层岩性和厚度。含水层岩性和厚度决定地下水开发利用难易程度,即单井出水量大小。单井出水量大,一般可开采系数可以确定大;反之,则确定小。

b. 开发利用程度

开发利用程度高低主要是说明当地对地下水的需水量多少，反映当地的开采能力，并以地下水实际开采系数作为参考。

c. 地下水埋深大小

地下水埋深大小决定地下水的消耗情况。埋深小，有一部分地下水资源量要消耗于潜水蒸发和侧向排泄到河流的基流，所以可开采系数不宜选用过大；反之，埋深大，消耗量则小，就可以选用稍微大的可开采系数。

② 可开采系数 ρ 值的确定过程

依据可开采系数 ρ 值的确定条件，按上述方法，进行大的分区，并确定各大的分区的特征情况。结合《河南省水资源研究》等分析资料，永城市地下水可开采系数 ρ 选取 0.75。具体情况见表 7-3 和表 7-4。

表 7-3　　　　　　　永城市可开采系数特征值表

分区	含水层		单井出水量/(m³/h·m)	地下水动态/m		实际开采系数	开采程度	选用开采系数
	主要岩性	单位：m		埋深	年际变幅			
豫东平原	中砂~粉细砂	10~30	5~10 或≥10	4.0~7.0	2.0~4.0	0.6~0.8	中	0.7~0.85

表 7-4　　　　　　　河南省平原区可开采系数取值表

市名称	可开采系数	
	范围值	平均值
商丘	0.7~0.9	0.75

（3）永城市浅层地下水可开采量计算结果

确定计算区可开采系数 ρ 值后，用 ρ 值乘以计算区总补给量就可求得计算区可利用量（可开采量）。其计算公式如下：

$$W_{dk} = \rho \cdot W_{dz} \qquad (7\text{-}2)$$

式中　W_{dk}——平原区浅层地下水可开采量；

　　　ρ——平原区浅层地下水可开采系数；

　　　W_{dz}——平原区浅层地下水总补给量。

与地下水资源量计算相同，可利用量计算同样按不同矿化度分区，最后按矿化度 $M \leqslant 2$ g/L、$M > 2$ g/L 和总量进行水资源分区汇总。其计算结果见表 7-5。

经过分析与计算，永城市地下水可开采量为 26 022.9 万 m³，矿化度 $M \leqslant 2$ g/L 的可开采量为 25 583.3 万 m³，矿化度 $M > 2$ g/L 的可开采量为 439.6 万

m³;永城市平均可开采系数为 0.75,可开采模数为 13.1 万 m³/km²。其中包河地下水可开采量为 4 072.8 万 m³,可开采模数为 11.8 万 m³/km²;浍河地下水可开采量为 8 261.5 万 m³,可开采模数为 13.0 万 m³/km²;沱河地下水可开采量为 7 159.8 万 m³,可开采模数为 13.5 万 m³/km²;王引河地下水可开采量为 6 528.9 万 m³,可开采模数为 13.5 万 m³/km²。以河流分析对比,浍河可开采模数最大,王引河、沱河的接近,包河的最小。

表 7-5　　　　　　永城市流域分区地下水可开采量计算成果表　　　水量单位:万 m³

地级行政区名称	计算面积/km²	年总补给量	年可开采量	其中矿化度 $M \leq 2$ g/L	其中矿化度 $M > 2$ g/L	可开采模数/(万 m³/km²)
包河	345.8	5 709.15	4 072.8	4 049.2	23.6	11.8
浍河	634	11 526.3	8 261.5	8 196.3	65.2	13.0
沱河	531.9	9 975.1	7 159.8	6 971.3	188.4	13.5
王引河	482.3	9 094	6 528.9	6 366.5	162.4	13.5
全市	1 994	36 304.6	26 022.9	25 583.3	439.6	13.1

7.2.3　永城市水资源可利用总量计算方法与过程

7.2.3.1　水资源可利用总量计算方法

地表水资源可利用量与浅层地下水资源可开采量之和再扣除两者之间重复计算量。两者之间重复计算量主要是平原区浅层地下水的渠系渗漏和田间入渗补给量的再利用部分。其计算公式如下:

$$W_{可利用总量} = W_{地表水可利用量} + W_{地下水可开采量} - W_{重复量} \tag{7-3}$$

$$W_{重复量} = \rho \cdot (W_{渠渗} + W_{田渗}) \tag{7-4}$$

式中　$W_{重复量}$——地下水可开采量计算与地表水可利用量计算的重复水量;

　　　　ρ——可开采系数,是地下水资源可开采量与地下水资源量的比值;

　　　　$W_{渠渗}$——地下水资源量中渠灌渠系水入渗补给量;

　　　　$W_{田渗}$——地表水灌溉田间水入渗补给水量。

7.2.3.2　永城市水资源可利用总量计算成果

永城市水资源可利用总量为 32 205.3 万 m³,其中地下水与地表水重复计算可利用量为 490.0 万 m³。其结果见表 7-6 和表 7-7。

表 7-6　　　　　　永城市流域分区水资源可利用总量计算成果表　　　水量单位:万 m³

计算区	多年平均		多年平均年地表水可利用量与地下水可开采量间重复计算量	多年平均年水资源可利用总量
	地表水可利用量	浅层地下水可开采量		
包河	841.2	4 072.8	85.0	4 829.0
浍河	1 619.5	8 261.5	155.8	9 725.1
沱河	2 158.8	7 159.7	130.7	9 187.9
王引河	2 052.9	6 528.9	118.5	8 463.3
全市	6 672.4	26 022.9	490.0	32 205.3

表 7-7　　　　　永城市水资源可利用总量计算成果分析表　　　　水量单位:万 m³

河流	面积/km²	水资源总量	水资源可利用总量	水资源可利用率/%	水资源可利用模数/(万 m³/km²)
包河	345.8	8 605.7	4 829.0	56.1	14.0
浍河	634	16 487.8	9 725.1	59.0	15.3
沱河	531.9	12 783.4	9 187.9	71.9	17.3
王引河	482.3	11 990.3	8 463.3	70.6	17.5
全市	1 994	49 867.2	32 205.3	64.6	16.2

7.3　水资源可利用量分布特点

7.3.1　地表水可利用量分布特点

7.3.1.1　地表水可利用量的影响因素

（1）流域降水量情况

影响地表水可利用量的降水情况,主要表现在降水量的大小和降水量年内分配情况。降水量大小决定径流量和可利用量的大小。降水量年内分配均匀则有利于径流的利用,可利用量亦大;否则,可利用量就小。

（2）流域内调蓄供水工程情况

流域调蓄主要起调节拦蓄作用。汛期或枯水期的地表径流经调蓄工程的拦蓄作用,再通过供水工程送至受水区使用,达到年内年际甚至多年调节目的,以尽可能减少下泄水量,增加可利用量。

7.3.1.2　永城市地表水资源可利用量分布特点

（1）地表水可利用量分布情况

永城市地表水可利用量为 6 672.4 万 m³。其中:包河地表水可利用量为 841.2 万 m³;浍河的为 1 619.5 万 m³,沱河的为 2 158.8 万 m³,王引河的为 2 052.9 万 m³。地表水可利用量分布从流域分析,最大的是沱河,为 2 158.8 万 m³;最小的是包河,为 841.4 万 m³。

（2）地表水可利用径流深分布特点

永城市地表水可利用径流深分布呈现出南部大于北部。全市河流分布为:浍河最大,82.7 mm;包河,78.2 mm;王引河,63.8 mm;沱河最小,57.5 mm。

（3）地表水可利用率分布特点

永城市地表水可利用率的分布一般受地表水径流条件、现状水利工程布局和开发利用情况影响。全市河流分布为:沱河最大,54.8%;王引河,54.1%;包河,24.8%;浍河最小,24.5%。

7.3.2　地下水可开采量分布特点

7.3.2.1　地下水可开采量的影响因素

根据地下水可开采量计算方法,地下水可开采量取决于总补给量和可开采系数的大小,而影响总补给量和可开采系数大小主要因素有降水量等补给源条件、包气带岩性和含水层水文地质条件、浅层地下水埋深和地下水开发利用水平等。

（1）降水量补给条件

浅层地下水主要来源于大气降水补给。降水补给一般占总补给量的 60% 以上。所以在其他条件类似情况下,降水量大小决定总补给量多少。

（2）包气带岩性和含水层水文地质条件

在降水量相同情况下,包气带岩性和含水层水文地质条件是总补给量多少的主要影响因素。包气带土壤和含水层岩性颗粒粗,补给量大;反之,则小。另外含水层水文地质条件好,单井出水量大,易于开发利用,可开采量就大。

（3）地下水埋深影响

在含水层等其他条件类似情况下,地下水埋深大小决定补给条件难易。经过分析和有关试验,随着地下水埋深加大,各种补给系数略有减少,总补给量也随着减少,相应可开采量也减少。

（4）地下水开发利用程度

浅层地下水总补给量确定后,若开发利用程度低,地下水资源量就大量消耗于潜水蒸发和河川基流,这样可开采量就小;反之,开发利用程度高,埋深大,消耗于潜水蒸发和基流量就小,可开采量就大。

7.3.2.2　永城市地下水资源可开采量分布特点

永城市地下水资源可开采量的分布采用分区地下水可开采模数分布进行表

示(见表 7-3)。全市可开采模数较大的区域主要分布在浍河两岸;可开采模数较小的区域主要分布在包河两岸。

7.4 水资源可利用量计算成果合理性分析

7.4.1 地表水可利用量计算成果合理性分析

7.4.1.1 地表水可利用率分析

国际上通常认为,在地表径流量丰富地区,地表水可利用率一般不宜超过40%;在径流量缺乏地区,其一般不宜超过 60%,否则会对生态环境造成破坏。永城市属于水资源比较贫乏的区域。本次评价分析得出,全市地表水可利用率为 37.6%。

7.4.1.2 地表水可利用量计算成果分析

永城市地表水可利用量计算结果基本符合本市河流基本状况。表 7-8 基本反映了永城市各流域地表水可利用量与开发利用现状分布情况。由于 2005 年降水量偏多,各河流现状年地表水实际利用率均小于多年平均可利用率,且呈现地表水利用率北部高于南部地区的分布。

表 7-8 永城市地表水可利用量与现状年(2005 年)开发利用量对比分析表

水量单位:万 m³

河流	地表水可利用量			地表水开发利用现状			现状用水量占多年平均可利用量比/%
	多年平均天然径流量	地表水可利用量	可利用率/%	天然径流量	当地地表水供水量	地表水利用率/%	
包河	3 398.2	841.2	24.8	2 706.0	165.0	6.1	19.6
浍河	6 618.8	1 619.5	24.5	5 245.0	502.9	9.6	31.1
沱河	3 942.7	2 158.8	54.8	3 057.0	917.4	30.0	42.5
王引河	3 796.5	2 052.9	54.1	3 078.0	595.9	19.4	29.0
全市	17 756.2	6 672.4	37.6	14 085.8	2 181.2	15.5	32.7

注:现状年为 2005 年,下同。

永城市地表水可利用量计算存在以下几点问题:一是生态环境用水量采用的比例,虽然是参照《细则标准》,但缺乏依据;二是永城市河流,由于受其他工程影响,河道变动复杂,使流域面积不固定,影响还原水量计算精度,因而也影响地表水可利用量计算精度。

7.4.2　地表水可利用量计算合理性评述

以上对地表水可利用量、地下水可利用量、水资源可利用总量成果进行计算和分析，由于其计算方法仍存在一些问题，地表水与地下水相互转化关系复杂、区域各种条件千差万别，加上受人类活动影响等多种因素，这给计算带来困难，直接影响计算成果精度。

本次地表水可利用量、水资源可利用总量的计算属于首次，方法尚不成熟；地下水可开采量的分析计算虽然比较成熟，计算方法也比较多，但从上述提到各种概念和计算方法也反映存在差异，同样说明需要进一步的完善。

地表水可利用量不同于目前规划设计采用的可供水量，由于来水与需水的时空不一致，又受供水工程条件影响，计算的地表水可利用量一般大于地表水可供水量（无外调水源、无重复利用），同样计算的水资源可利用总量要大于其可供水量。

第8章　地表水水质分析与研究

　　为全面了解永城市地表水水质的时空变化规律,分析水污染程度、污染物种类和数量,选用永城市沱河、浍河、包河、王引河四条河流,从地表水化学特征、河流现状水质、水质变化趋势、底质污染、水功能区水质评价、地表水供水水源地水质评价等六个方面系统评价和分析永城市地表水资源质量状况。

　　本次地表水水质评价以商丘水环境监测中心的大量监测资料为基础,并进行了补充监测。评价收集数据的规模是永城市水质评价中最大的一次,是永城市迄今为止最全面、最真实地反映地表水水质状况的一次评价,对今后永城市水资源管理保护及水质评价具有极其重要的指导意义和示范作用。

8.1　永城市地表水水化学特征

　　水化学特征分析选用沱河、浍河、包河、王引河四条河流上的 13 个断面。其具体情况详见附表 2 和附表 3(P110～P115)。河流现状水质评价个数为 13 个。地表水水质变化趋势选用 3 个断面。底质污染评价对 8 个断面进行取样分析。饮用水水源地评价个数 1 个。永城市地表水化学特征评价包括矿化度、总硬度和水化学类型等三个指标。

8.1.1　矿化度

　　永城市地表水矿化度总体状况良好。受降水等因素影响,大部分地区水体的矿化度能够满足生活和工农业生产的需求。地表水矿化度变幅在 500～600 mg/L 之间的占 30.8 ％、在 600～700 mg/L 之间的占 30.8％、在 700～800 mg/L之间的占 23.1％、在 800 mg/L 以上的占 15.3％。沱河地表水矿化度变幅在 500～600 mg/L 之间的占 25％、在 600～700 mg/L 之间的占 50％、在 800 mg/L 以上的占 25％;包河地表水矿化度在 700～800 mg/L 之间;浍河地表水矿化度变幅在 500～600 mg/L 之间的占 33.3％、在 600～700 mg/L 之间的占 33.3％、在 800 mg/L 以上的占 33.4％;王引河地表水矿化度变幅在 500～600 mg/L 之间的占 66.6％、在 600～700 mg/L 之间的占 33.4％。

8.1.2　总硬度

永城市地表水总硬度分布规律与矿化度分布处理基本一致。永城市地表水总硬度间于 266～384 mg/L。永城市在 266～300 mg/L 的适度硬水占 30.8%，在 300～384 mg/L 的硬水占 69.2%。沱河总硬度在 250～300 mg/L 的适度硬水占 75%，在 300 mg/L 以上的硬水占 25%；包河、浍河在 300 mg/L 以上的硬水均占 100%；王引河总硬度在 250～300 mg/L 的适度硬水占 33.3%，在 300 mg/L 以上的硬水占 66.7%。沱河水总硬度最小，包河水总硬度最大。这说明永城市大部分地区的地表水总硬度适宜农业灌溉用水。

8.1.3　水化学类型

水化学类型分析选用钾、钠、钙、镁、重碳酸根、氯根、硫酸根、碳酸根等项目，采用阿廖金分类法划分水化学类型。所选用水质监测站点的水质监测资料及水化学类型见附表 4(P116)。水化学特征分析只对评价项目年均值进行评价。

根据阿列金分类法，永城市地表水的水化学类型共划分为 3 种。其中，C_I^{Na} 型水为主要类型，分布面积最广，约占永城市水体总面积的 69.2%；C_I^{Mg} 型水的面积占 15.3%；C_I^{Ca} 型水的面积占 7.5%。

8.2　永城市地表水现状水质评价

根据永城市地表水水资源质量特点、水质监测状况、水体功能评价要求，地表水水质评价包括必评项目、选评项目。其中必评项目包括溶解氧、高锰酸盐指数、化学需氧量、氨氮、挥发酚、砷、总磷，共 7 项；选评项目包括 pH 值、五日生化需氧量、氟化物、氰化物、汞、铜、铅、锌、镉、六价铬等项目。其评价执行国家标准 GB 3838—2002《地面水环境质量标准》。

采用单指标评价法(最差的项目赋全权，又称一票否决法)确定地表水水质类别。评价代表值采用汛期、非汛期和年度平均 3 个值。评价结果按河长统计，并以Ⅲ类地面水标准值为界限，给出超标率和超标倍数等特征值。

$$超标率 = \frac{超标次数}{监测次数} \times 100\% \tag{8-1}$$

$$超标倍数 = \frac{监测值 - Ⅲ类标准值}{Ⅲ类标准值} \tag{8-2}$$

其中 DO 的超标倍数计算公式为：

$$超标倍数 = \frac{Ⅲ类标准值 - 监测值}{Ⅲ类标准值} \tag{8-3}$$

8.2.1　永城市河流水质评价

根据 2005 年及 2008 年补充监测的永城市 13 个水质断面监测资料,对 157.5 km 河长的水质进行评价。永城市 2005 年水质测站监测值及单项指标评价表见相关监测资料,限于篇幅,在此没有详细列出。

永城市河流水质综合评价结果表明:沱河监测 46.5 km 河长中,汛期Ⅴ类水河长 13.4 km,占 28.8%,劣Ⅴ类水河长 33.1 km,占 71.2%;非汛期Ⅳ类水河长 13.4 km,占 28.8%,劣Ⅴ类水河长 33.1 km,占 71.2%。全年Ⅴ类水河长 13.4 km,占 28.8%,劣Ⅴ类水河长 33.1 km,占 71.2%。包河监测 33.7 km 河长中,汛期、非汛期、全年均劣Ⅴ类。浍河监测 39 km 河长中,汛期、非汛期、全年均劣Ⅴ类。王引河监测 38.3 km 河长中,汛期、非汛期、全年Ⅴ类水河长均为 10.6 km,占 27.7%,劣Ⅴ类水河长 27.7 km,占 72.3%。

永城市单项及测水站水质状况统计表见附表 5～附表 8(P117～P124)。

7 项水质参数的单项评价结果显示:永城市化学需氧量污染范围最广。沱河全年化学需氧量污染河长占评价河长的 71.2%,高锰酸盐指数占评价河长的 71.2%,氨氮占 24.7%;溶解氧占 71.2%;未受挥发酚、砷化物的污染。包河全年化学需氧量、高锰酸盐指数、氨氮、溶解氧污染河长均占评价河长的 100%;未受挥发酚、砷化物的污染。浍河全年化学需氧量污染河长占评价河长的 100%,高锰酸盐指数占评价河长的 100%,氨氮占 15.4%;溶解氧符合Ⅲ类水标准;未受挥发酚、砷化物的污染。王引河全年化学需氧量污染河长占评价河长的 72.3%,高锰酸盐指数占评价河长的 72.3%,溶解氧占 72.3%;未受挥发酚、氨氮、砷化物的污染。

永城市四条河流污染以有机污染为主,主要指标为氨氮、化学需氧量、高锰酸盐指数、五日生化需氧量、溶解氧。

永城市四条河流水质的地域分布特点大致为:河流上游河段水质优于中下游水质,城市及其下游河段水质普遍较差。从时段分布看,永城市非汛期、汛期水质没有较明显的变化。

8.2.2　永城市底质污染评价

底质是矿石、岩石、土壤自然侵蚀及生物活动、降解有机物质等过程的产物。人类排放到环境中的各种污染物质大部分会迅速转移到河湖底质中,这些污染物滞留、堆积在水体内,不仅会降低水体的自净能力,还会成为新的污染源。因此,要正确评价水体质量,就不能忽略对河流底质的研究。此次底质评价项目选用 pH 值、铜、铅、镉 4 项。采用国家标准 GB 15618—1995《土壤环境质量标准》

判别底质是否超标。

永城市河流底质污染现状评价见附表 9(P125)。

在所评的 4 条河流 8 个底质断面中,均未受重金属污染,评价结果为 Ⅱ 类。

8.3　永城市地表水水质变化趋势分析

水质趋势分析是水质评价的重要组成部分。其目的是通过定性定量结合的分析方法,揭示一定时段内水质变化的规律及地理分布模式。为了解过去近十年的水质变化趋势,选用 1996～2005 年间的水质数据,运用肯达尔检验判断水质趋势的升、降,以水质参数浓度及其采样时间(以十进位年表示)的回归方法进行长系列分析。对永城市沱河、浍河、包河三条河流 3 个具有代表性的水质断面进行趋势分析。分析项目包括总硬度、高锰酸盐指数、五日生化需氧量、氨氮、溶解氧、挥发酚、氯化物、硫酸盐 8 项。

季节性肯达尔检验的原理是将历年相同月(季)的水质资料进行比较,如果后面的值(时间上)高于前面的值记为"＋"号,否则记作"－"号。如果加号的个数比减号的多,则可能为上升趋势,如果减号的个数比加号的多,则可能为下降趋势。如果水质资料不存在上升或下降趋势,则正、负号的个数均为50％。

众所周知,河流流量具有一年一度的周期性变化,河流水质组分浓度大多受水流量的周期性变化的影响,季节性肯达尔检验定义为水质资料在历年相同月份间的比较,这避免了季节性的影响。同时,由于数据比较只考虑数据相对排列而不考虑其大小,故能避免水质资料中常见的漏测值问题,也使奇异值对水质趋势分析影响降到最低限度。

对于季节性肯达尔检验来说。零假设 H_0 为随机变量与时间独立,假定全年 12 月的水质资料具有相同的概率分布。

设有 n 年 p 月的水质资料观测序列 X 为:

$$X = \begin{bmatrix} x_{11'} & x_{12'} & \cdots & x_{1p} \\ x_{21'} & x_{22'} & \cdots & x_{2p} \\ \cdots & \cdots & \cdots & \cdots \\ x_{n1} & x_{n2} & \cdots & x_{np} \end{bmatrix}$$

式中,$x_{11},\cdots,x_{np}$ 为月水质浓度观测值。

(1) 对于 p 月中第 i 月($i \leqslant p$)的情况

令第 i 月历年水质系列相比较(后面的数与前面的数之差)的正负号之和 S_i 为:

$$S_i = \sum_{k=1}^{n-1} \sum_{j=k+1}^{n} G(x_{ij} - x_{ik})(1 \leqslant k < j \leqslant n) \tag{8-4}$$

式中，$G(x_{ij} - x_{ik}) = \begin{cases} 1, & \text{当}(x_{ij} - x_{ik}) > 0 \\ 0, & \text{当}(x_{ij} - x_{ik}) = 0 \\ -1, & \text{当}(x_{ij} - x_{ik}) < 0 \end{cases}$

由此，第 i 月内可以作比较的差值数据组个数 m_i 为：

$$m_i = \sum_{k=1}^{n-1} \sum_{j=k+1}^{n} |G(x_{ij} - x_{ik})| = \frac{n_i(n_i - 1)}{2} \tag{8-5}$$

式中，n_i 为第 i 月内水质系列中非漏测值个数。

在零假设下，随机序列 $S_i(i = 1, 2, \cdots, p)$ 近似地服从正态分布，则 S_i 的均值和方差如下：

均值：$E(S_i) = 0$

方差：$V(S_i) = n_i(n_i - 1)(2n_i + 5)/18$

当 n_i 个非漏测值中有 t 个数相同，则方差公式为：

$$V(S_i) = \frac{n_i(n_i - 1)(2n_i + 5)}{18} - \frac{\sum_t t(t - 1)(2t + 5)}{18} \tag{8-6}$$

（2）对于 p 月份总体情况

令 $S = \sum_{i=1}^{p} S_i$，$m = \sum_{i=1}^{p} m_i$，

在假设下，p 月 S 的均值和方差如下：

均值：$E(S) = \sum_{i=1}^{p} E(S_i) = 0$

方差：$V(S) = \sum_{i=1}^{p} \sigma_i^2 + \sum_{ih} \sigma_{ih} = \sum_{i=1}^{p} V(S_i) + \sum_{i=1}^{p} \sum_{i=h}^{p} \times Cov(S_i, S_h) \tag{8-7}$

式中，S_i 和 $S_h(i \neq 6)$ 都是独立随机变量的函数，即 $S_i = f(X_i)$，$S_h = f(X_h)$，其中 X_i 为 i 月历年的水质序列，X_h 为 h 月历年的水质序列，并且 $X_i \bigcap X_h = \varnothing$；因为 X_i 和 X_h 分别来自 i 月和 h 月的水质资料，并且总体时间序列 X 的所有元素是独立的，故其协方差 $Cov(S_i, S_h) = 0$。将其代入式(8-7)，则得：

$$V(S) = \sum_{i=1}^{p} \frac{n_i(n_i - 1)(2n_i + 5)}{18}$$

当 n 年水质系列有 t 个数相同时，同样有：

$$V(S) = \sum_{i=1}^{p} \frac{n_i(n_i - 1)(2n_i + 5)}{18} - \frac{\sum_t t(t - 1)(2t + 5)}{18}$$

肯达尔发现，当 $n \geqslant 10$ 时，S 也服从正态分布，并且标准方差 Z 为：

$$Z = \begin{cases} \dfrac{S-1}{[V(S)]^{1/2}}, & \text{当 } S > 0 \\ 0, & \text{当 } S = 0 \\ \dfrac{S+1}{[V(S)]^{1/2}}, & \text{当 } S < 0 \end{cases}$$

（3）趋势检验

肯达尔检验计量 t 定义为：$t = S/m$，由此在双尾趋势检验中，如果 $|Z| \leqslant Z_{\alpha/2}$，则接受零假设。这里 $FN(Z_{\alpha/2}) = \alpha/2$，$FN$ 为标准正态分布函数，即：

$$FN = \frac{1}{\sqrt{2\pi}} \int_{|Z|}^{\infty} e^{-\frac{1}{2}t^2} \, dt$$

α 为趋势检验的显著水平。α 值为：

$$\alpha = \frac{2}{\sqrt{2\pi}} \int_{|Z|}^{\infty} e^{-\frac{1}{2}t^2} \, dt$$

取显著性水平 α 为 0.1 和 0.01，即：当 $\alpha \leqslant 0.01$ 时，说明检验具有高度显著性水平；当 $0.01 < \alpha \leqslant 0.1$ 时，说明检验是显著的，在 α 计算结果满足上述两条件情况下，当 t 为正时，则说明具有显著（或高度显著性）上升趋势；当 t 为负时，则说明具有显著（或高度显著性）下降趋势；当 t 为零时，则无趋势；利用水质污染趋势分析专业软件对其水质进行分析。

永城市水质变化趋势分析原始监测数据见附表 10（P126～P137）。

上述分析结果表明，永城市近三分之二测站的地表水质量无明显变化态势，个别监测项目水质趋于恶化，挥发酚有明显改善，水质状况恶化的断面略少于改善的断面。

永城市水质趋势检验成果见附表 11（P138）。

从总硬度、高锰酸盐指数、五日生化需氧量、氨氮、溶解氧、挥发酚、氯化物、硫酸盐诸水质参数的趋势变化来看，永城市地表水水质如下变化：

（1）永城市地表水总硬度上升趋势比例为 100%；溶解氧上升趋势比例为 33.3%；氯化物、硫酸盐的下降百分比为 66.6% 和 33.3%，下降态势明显。表明因水资源开发利用范围和强度的加大，造成水污染加剧，导致永城市地表水硬度日趋增高，天然水化学特征正在发生不利变化。

（2）氨氮、高锰酸盐指数和五日生化需氧量下降，显示出永城市以氨氮、高锰酸盐指数和五日生化需氧量为特征的有机污染略有控制。

（3）挥发酚污染在评价时段内出现明显缓减态势。其下降百分比为 66.6%，下降趋势显著。溶解氧的上升和下降百分比基本持平。

永城市水质变化趋势分析测站统计结果见附表 12（P139）。

永城市河流污染以有机污染为主,主要参数为氨氮、化学需氧量、高锰酸盐指数、五日生化需氧量、溶解氧。

永城市分区水质现状评价结果见附表 13(P140～P141)。

8.4　永城市水功能区评价

水功能区采用两级区划,即:水功能一级区,分为保护区、保留区、开发利用区和缓冲区四类;水功能二级区,在一级区划的开发利用区中,再划分为饮用水源区、工业用水区、农业用水区、渔业用水区、景观娱乐用水区、过渡区和排污控制区七类。永城市水功能区划河长合计 164.5 km(其中浍河豫皖缓冲区 7 km 断流,本次未作评价),沱河豫皖缓冲区起始断面为永城市张桥闸,永城市境内河长为 9 km,该区为沱河豫皖交界河段;包河豫皖缓冲区 33.7 km。本次共评价沱河、包河、浍河、王引河四条河流,9 个水功能区。其中一级水功能区 4 个(不包括浍河豫皖缓冲区),二级水功能区 5 个。区划河流长度 123.8 km。

永城市 2005 年水功能区水质分析成果统计见附表 14(P142～P145)。

沱河夏邑永城过渡区河长 11.5 km,该段位于夏邑与永城交界处,为使水质逐步降解,达到下游河段水质要求而设立为过渡区。该区间有虹龙沟汇入,张板桥闸上两岸有农业引水灌溉。该区现状水质劣Ⅴ类,规划水质目标Ⅲ类。沱河永城饮用水源区,自张板桥至永城张桥闸,河长 26 km,为城市居民饮用水水源,规划日供水量为 2 万 t/d,现状水质劣Ⅴ类,规划水质目标Ⅲ类。

包河豫皖缓冲区永城市境内 33.7 km,本河流经商丘、虞城、夏邑、永城等县市,主要功能为农业取水和排污,沿河有多处节制闸,河水径流量不大,由于接纳大量城市污水,现状水质劣Ⅴ类。

浍河商丘农业用水区永城市境内 33 km,区间有和顺闸的调蓄,河流较长,灌溉面积大,是永城市主要开发利用区,现状水质劣Ⅴ类,规划水质目标Ⅲ类;浍河永城排污控制区,自永城新桥至黄口闸,河长 6 km,该河段流经永城城郊,有多处排污口污水汇入,现状水质劣Ⅴ类。

王引河永城市农业用水区永城境内 38.3 km,为沿岸农业提供灌溉用水,现状水质Ⅴ类或劣Ⅴ类,规划水质目标Ⅳ类。

永城市各类水功能区现状水质类别与要求,与永城市目标水质类别与需求差距较大。

永城市水功能区不达标的主要原因是氨氮、化学需氧量、高锰酸盐指数、溶解氧、五日生化需氧量、氟化物、总磷污染,由于有机污染严重,水功能区水质现状与目标要求存在较大差距,达标比例为 0。

8.5　永城市地表水饮用水供水水源地水质评价

饮水水质的好坏,直接关系到人民的身体健康,也是反映一个城市文明程度的重要指标之一。此次评价涉及沱河饮用水水源地。对规划规模日供水量逾 2 万 t 的永城市饮用水水源进行常规水质项目监测。采用 GB 3838—2002 标准对水源地供水的各水质项目进行水质类别和达标评价。其所用评价方法为单因子评价法,即所有参评项目中若有一项超标,则该水源地水质为不合格。

此次评价根据 2007 年监测结果,必评项目包括溶解氧、高锰酸盐指数、氨氮、挥发酚、砷、硫酸盐、氯化物、硝酸盐、铁、锰 10 项;选评项目包括铜、镉、氟化物;参考项目有总磷。溶解氧全年合格率为 83.3％,汛期的为 100％,非汛期的为 75％;高锰酸盐指数全年合格率为 33.3％,汛期的为 25％,非汛期的为 37.5％;氨氮全年合格率为 75％,汛期的为 100％,非汛期的为 62.5％;硫酸盐全年合格率为 25％,汛期的为 25％,非汛期的为 25％;氟化物全年合格率为 25％,汛期的为 25％,非汛期的为 25％;挥发酚、砷化物、氯化物、硝酸盐、铁、锰、铜、镉、总磷全年合格率均为 100％。

饮用水水源地的水质状况从污染物分布看,永城市地表水供水水源地主要污染项目为高锰酸盐指数、永城市地表水供水水资源地硫酸盐、氟化物。由于受陈四楼矿井排水的原因,永城市地表水供水水资源地硫酸盐污染较为突出。永城市地表水供水水源地水质状况统计见附表 15(P146)。

第9章　地下水水质分析与评价

9.1　永城市地下水水化学特征

9.1.1　永城市地下水资料来源和代表性分析

　　永城市地下水水化学特征评价,采用商丘水环境监测中心 2005 年监测资料和 2008 年补充监测资料。地下水监测井分布较均匀,监测过程进行质量控制,监测数据具有较好的代表性。

　　永城市选用水质监测井见附表 2。

9.1.2　永城市地下水化学特征评价基本要求及方法

　　此次评价范围为永城市平原区浅层地下水,评价面积为 1 994 km²。本次评价设有监测井 65 眼,平均 31 km² 一眼。选择了具有代表性的 26 眼井进行地下水水化学特征评价,对地下水中主要离子钾和钠、钙、镁、重碳酸盐、氯化物、硫酸盐及总硬度、矿化度、pH 值的分布情况进行评价,并划分水化学类型。水化学类型的划分采用舒卡列夫分类法(见表 9-1),即根据地下水中 6 种主要离子(Na^+、$1/2Ca^{2+}$、$1/2Mg^{2+}$、HCO_3^-、$1/2SO_4^{2-}$、Cl^-,K^+ 合并于 Na^+)含量大于 25% mg/mol 的阴离子和阳离子进行组合,可组合出 49 类型水,然后按矿化度的大小进行分组,可分为 A 组(矿化度≤1.5 g/L)、B 组(1.5 g/L≤矿化度≤10 g/L)、C 组(10 g/L≤矿化度≤40 g/L)、D 组(矿化度≥40 g/L)。

表 9-1　　　　　　　　　**舒卡列夫分类法表**

超过 25% mg 当量的离子	HCO_3^-	$HCO_3^- + SO_4^{2-}$	$HCO_3^- + SO_4^{2-} + Cl^-$	$HCO_3^- + Cl^-$	SO_4^{2-}	$SO_4^{2-} + Cl^-$	Cl^-
Ca^{2+}	1	8	15	22	29	36	43
$Ca^{2+} + Mg^{2+}$	2	9	16	23	30	37	44
Mg^{2+}	3	10	17	24	31	38	45
$Na^+ + Ca^{2+}$	4	11	18	25	32	39	46
$Na^+ + Ca^{2+} + Mg^{2+}$	5	12	19	26	33	40	47

超过 25%mg 当量的离子	HCO_3^-	$HCO_3^- + SO_4^{2-}$	$HCO_3^- + SO_4^{2-} + Cl^-$	$HCO_3^- + Cl^-$	SO_4^{2-}	$SO_4^{2-} + Cl^-$	Cl^-
$Na^+ + Mg^{2+}$	6	13	20	27	34	41	48
Na^+	7	14	21	28	35	42	49

9.1.3　永城市地下水水化学类型

永城市地下水水化学类型主要为 HCO_3^- 型(包括 1～7 型),占评价区面积的 53.8%;其他 $HCO_3^- + SO_4^{2-}$ 型(包括 8～14 型),占评价区面积的 23.1%;$HCO_3^- + SO_4^{2-} + Cl^-$ 型(包括 15～21 型),占评价区面积的 11.5%,$HCO_3^- + Cl^-$ 型(包括 22～28 型),占评价区面积的 11.5%;SO_4^{2-} 型(包括 29～35 型)、$SO_4^{2-} + Cl^-$ 型(包括 36～42 型)、Cl^- 型(包括 43～49 型)未发现。按矿化度大小分组,永城市地下水主要为 A 组,占评价总井数的 96.2%;少数为 B 组,占评价总井数的 3.8%;未发现高矿化度的 C 组和 D 组。

永城市四个区域水化学类型的分布状态以 HCO_3^- 型(包括 1～7 型)为主,其分布面积占各流域评价区面积均在 53.8% 以上。按其百分比由大到小排列,四条河流依次为:浍河、包河、王引河、沱河。在 26 眼监测井中,14 个以 HCO_3^- 型(包括 1～7 型)为主。

永城市 2005 年地下水化学分类结果见附表 16(P147～P148)。

9.1.4　矿化度、总硬度、pH 值

9.1.4.1　矿化度

永城市包河区评价面积的 99.4% 的矿化度小于等于 2 g/L,矿化度大于 2 g/L 的面积仅占 0.6%;浍河区评价面积的 99.2% 的矿化度小于等于 2 g/L,矿化度大于 2 g/L 的面积仅占 0.8%;沱河区评价面积的 97.4% 的矿化度小于等于 2 g/L,矿化度大于 2 g/L 的仅占 2.6%;王引河区评价面积的 97.5% 的矿化度小于等于 2 g/L,矿化度大于 2 g/L 的面积仅占 2.5%。矿化度最大值分布情况:包河区的最大值为 2.08 g/L;浍河区的最大值为 1.85 g/L;沱河区的最大值为 4.90 g/L;王引河区的最大值为 5.79 g/L。

9.1.4.2　总硬度

沱河总硬度含量小于 250 mg/L 的占 4.5%;在 250～350 mg/L 之间的占 5.3%;在 350～450 mg/L 之间的占 14.2%;在 450～550 mg/L 之间的占 16.7%;在 550～650 mg/L 之间的占 11.0%;大于 650 mg/L 的占 48.9%。包河总硬度含量小于 250 mg/L 的占 13.4%;在 250～350 mg/L 之间的占 29.8%;在

450～550 mg/L 之间的占 30.4％；大于 650 mg/L 的占 26.4％。浍河总硬度含量小于 250 mg/L 的占 5.3％；在 250～350 mg/L 之间的占 26.3％；在 350～450 mg/L 之间的占 5.4％；在 450～550 mg/L 之间的占 9.5％；在 550～650 mg/L 之间的占 10.1％；大于 650 mg/L 之间的占 39.7％。王引河总硬度含量在 250～350 mg/L 之间的占 17.0％；在 350～450 mg/L 之间的占 19.2％；在 450～550 mg/L 之间的占 10％；在 550～650 mg/L 之间的占 20.2％；大于 650 mg/L 的占 33.6％。

9.1.4.3　pH 值

永城市地下水 pH 值绝大部分在 7.0～8.0 之间，占评价总面积的 86.2％。沱河区 pH 值在 8.0～8.5 之间的占 15.2％，在 7.0～8.0 之间的占 84.8％。包河区 pH 值在 6.5～7.0 之间的占 7.2％，在 7.0～8.0 之间的占 78.6％，在 8.0～8.5 之间的占 14.2％。浍河区 pH 值在 6.5～7.0 之间的占 6.5％，在 7.0～8.0 之间的占 82.4％，在 8.0～8.5 之间的占 11.1％。王引河区 pH 值在 7.0～8.0 之间的占 88.6％，在 8.0～8.5 之间的占 11.4％。

根据永城市地下水监测成果绘制 pH 值、矿化度和总硬度现状分区图。

（1）pH 值（无因次）分区数值为：pH≤6.0,6.0＜pH≤6.5,6.5＜pH≤7.0,7.0＜pH≤7.5,7.5＜pH≤8.0,8.0＜pH≤8.5,8.5＜pH≤9.0,pH＞9.0。

（2）矿化度（M，单位：g/L）分区数值为：$M≤2,2＜M$。

（3）总硬度（N，单位：mg/L）分区数值为：$N≤250,250＜N≤350,350＜N≤450,450＜N≤550,550＜N≤650,N＞650$。

9.2　永城市地下水水质现状评价

永城市地下水水质现状评价的基准年为 2005 年及 2008 年补充监测资料。根据选用地下水水质监测井的监测资料，对各计算分区的地下水水质现状进行评价。永城市地下水现状水质分析成果评价见表 9-2。

表 9-2　　　　　永城市地下水现状水质分析成果评价表

乡镇	站名	河流	pH	硫酸盐	总硬度	氯化物	氟化物	矿化度	氨氮	挥发酚	地下水水质类别
城关镇	大刘岗	沱河	7.51	287	775	158	2.90	1690	＜DL	＜DL	Ⅴ
	西十八里铺	沱河	7.53	214	707	272	0.21	1 390	＜DL	＜DL	Ⅴ
	韩庄	浍河	8.02	566	751	240	0.87	2690	3.89	＜DL	Ⅴ

乡镇	站名	河流	pH	硫酸盐	总硬度	氯化物	氟化物	矿化度	氨氮	挥发酚	地下水水质类别
蒋口乡	鞠楼村朱沟	沱河	7.23	329	1 110	210	1.67	1 900	<DL	<DL	V
	樊集村	沱河	8.32	64.7	186	15.2	2.01	696	<DL	<DL	III
	蒋口	沱河	7.25	233	774	190	0.82	1 170	<DL	<DL	V
薛湖镇	王桥聂奶庙	沱河	7.47	434	744	226	0.82	2 540	<DL	<DL	V
	洪寨	沱河	7.53	118	583	70.7	3.91	1 060	<DL	<DL	V
	南街	沱河	7.12	687	1 380	756	2.12	3 720	3.72	<DL	V
	程大庄	沱河	7.55	100	424	37.2	1.22	882	<DL	<DL	III
	聂寨	沱河	7.22	1 090	1 430	237	1.82	4 900	4.16	<DL	V
	董庄	沱河	7.43	471	791	945	1.12	2 000	<DL	<DL	V
高庄镇	付楼村	王引河	7.27	275	541	93.2	0.94	1 030	<DL	<DL	IV
	贾庄	王引河	7.70	316	723	180	2.11	1 840	<DL	<DL	V
	铝厂	沱河	7.21	391	480	133	4.05	1 530	<DL	<DL	IV
	申楼	沱河	7.51	565	409	288	2.05	2 770	3.97	<DL	V
演集镇	郭楼	沱河	7.62	314	547	158	1.84	1 690	<DL	<DL	IV
	丁楼钢厂	沱河	8.01	254	345	39.5	1.53	1 020	<DL	<DL	IV
	演集	沱河	7.17	451	753	234	0.82	1 170	2.05	<DL	V
太丘乡	太丘村	沱河	7.32	46	399	40.9	0.89	538	<DL	<DL	III
顺和	顺和	沱河	7.16	202	721	191	0.63	1 200	<DL	<DL	V
陈集乡	汉陈村	沱河	7.10	176	632	130	0.82	1 060	<DL	<DL	V
	陈集	沱河	7.22	321	674	82.7	0.58	1 050	<DL	<DL	V
双桥乡	乔洼	浍河	7.77	87.5	337	58.3	1.67	914	<DL	<DL	III
	小李庄村	浍河	7.52	131	274	60.8	2.25	916	<DL	<DL	III
郸城乡	姑庵油毡厂	浍河	7.99	162	404	37.6	0.84	956	3.18	<DL	III
	薛庄	浍河	7.39	325	649	339.0	1.21	1 680	<DL	<DL	V
	郸城村	浍河	7.04	368	649	297	0.58	1 680	<DL	<DL	V
郸阳乡	前翟楼	沱河	7.48	113	402	143	2.09	734	<DL	<DL	III
	盛楼	沱河	7.67	84.5	386	36.0	2.69	576	<DL	<DL	III
	郸阳村	浍河	7.04	172	727	89.7	0.89	1 090	<DL	<DL	V

乡镇	站名	河流	pH	硫酸盐	总硬度	氯化物	氟化物	矿化度	氨氮	挥发酚	地下水水质类别
卧龙	石桥	包河	6.89	132	891	291	0.56	1 550	0.08	<DL	V
	宰桥	包河	7.33	125	500	77	1.17	714	<DL	<DL	IV
	卧龙村	包河	6.85	206	704	82.7	0.48	930	0.12	<DL	V
	刘园村	浍河	7.15	84	567	91.2	1.47	792	<DL	<DL	V
新桥	韩六子	浍河	7.09	264	696	178	0.51	1 020	<DL	<DL	V
	蒋庄	浍河	7.03	339	1 060	412	0.43	1 850	<DL	<DL	V
	甘城	包河	8.02	45.8	230	8	1.32	386	<DL	<DL	III
	温油坊	包河	7.70	67.1	250	10	0.8	354	<DL	<DL	III
马牧	郑店村	浍河	7.20	137	490	106	1.36	1 110	<DL	<DL	IV
	马牧村	浍河	7.11	142	817	92.2	1.26	1 090	<DL	<DL	V
龙岗乡	龙岗村	浍河	6.86	380	1 080	338	0.73	1 470	<DL	<DL	V
大王集乡	大王集村	浍河	7.24	64.2	331	16.2	1.59	430	<DL	<DL	III
候岭乡	谢楼村杨庄	浍河	7.99	152	461	90.8	3.09	944	1.12	<DL	IV
	马庄村董庄	浍河	8.21	175	471	43.6	1.53	1 140	<DL	<DL	IV
	二十里铺	浍河	7.68	154	207	18.8	2.79	1 180	<DL	<DL	IV
	候岭	浍河	7.49	223	327	7.6	0.96	602	<DL	<DL	III
黄口乡	黄口	浍河	7.35	35.0	272	18.6	1.38	558	<DL	<DL	III
马桥镇	沈楼	包河	7.45	85.4	272	8.4	1.01	222	<DL	<DL	II
	大田楼	包河	7.86	114	250	15	2.09	474	<DL	<DL	II
	庞楼	包河	7.65	158	262	8	1.07	422	<DL	<DL	II
马桥镇	王桥村	包河	7.60	194	1 070	442	2.02	2 080	0.18	<DL	V
	马桥村	包河	7.30	33.9	293	13.9	1.12	448	<DL	<DL	II
裴桥	钢叉楼	包河	7.42	145	455	16.4	0.87	720	<DL	<DL	IV
	梁堰	包河	7.58	433	456	147	1.22	1 110	<DL	<DL	IV
	张湾	包河	7.83	115	281	10	1.63	612	<DL	<DL	III
	胡小寨	包河	7.29	243	470	487	0.68	994	<DL	<DL	IV
条河乡	徐山村	王引河	7.12	2 380	2 350	355	3.01	5 790	0.32	<DL	V
	邵山村	王引河	7.11	2 500	2 620	49.6	1.12	4 820	0.48	<DL	V

乡镇	站名	河流	pH	硫酸盐	总硬度	氯化物	氟化物	矿化度	氨氮	挥发酚	地下水水质类别
芒山镇	姜楼村	王引河	7.22	882	929	362	5.82	3 210	0.13	<DL	V
	马山村	王引河	7.40	442	621	323	4.08	2 630	<DL	<DL	V
	芒山村	王引河	7.10	356	572	80.8	0.28	826	<DL	<DL	V
陈官庄	陈官庄村	王引河	8.40	15.3	350	51.3	0.96	446	<DL	<DL	Ⅲ
苗村乡	苗村	王引河	7.13	90.9	618	110	0.36	738	<DL	<DL	V
刘河乡	刘河村	王引河	7.29	224	378	27.2	0.96	852	<DL	<DL	Ⅲ

此次永城市地下水水质现状评价其范围为永城市平原区浅层地下水。本次评价共布设地下水水质监测井 65 眼。本次监测项目为 pH 值、矿化度（M）、总硬度（以 $CaCO_3$ 计）、氨氮、挥发性酚类（以苯酚计）、硫酸盐、氯化物、氟化物 8 项。采用单指标评价法按国家标准 GB/T 14848—1993《地下水质量标准》确定单井现状地下水水质的类别。然后按照超标率（%）（超Ⅲ类水标准，下同）和最大超标倍数（最大监测值/Ⅲ类水标准值-1，下同）两个指标进行评价，并按四条河流分区进行统计、分析。按监测项目分别评价如下：

9.2.1　总硬度

沱河区总硬度超标率为 72.7%，最大超标指数为 3.2 倍；包河区总硬度超标率为 50.0%，最大超标指数为 2.4 倍；浍河区总硬度超标率为 63.1%，最大超标指数为 2.4 倍；王引河区总硬度超标率为 80.0%，最大超标指数为 5.8 倍。全市总硬度最大超标指数为 5.8 倍，出现在王引河区条河乡韶山村。

9.2.2　氨氮

沱河区氨氮超标率为 13.6%，最大超标指数为 19.8 倍；包河区未检出氨氮；浍河区氨氮超标率为 15.8%，最大超标指数为 19.4 倍；王引河区氨氮超标率为 10.0%，最大超标指数为 1.6 倍。全市氨氮最大超标指数为 19.8 倍，出现在沱河区高庄镇铝厂。

9.2.3　矿化度

沱河区矿化度超标率为 77.3%，最大超标指数为 4.9 倍；包河区矿化度超标率为 21.4%，最大超标指数为 2.1 倍；浍河区矿化度超标率为 57.9%，最大超标指数为 2.7 倍；王引河区矿化度超标率为 60.0%，最大超标指数为 5.8 倍。全市矿化度最大超标指数为 5.8 倍,出现在王引河区条河乡徐山村。

9.2.4 氟化物

沱河区氟化物超标率为 54.5%,最大超标指数为 4.1 倍;包河区氟化物超标率为 64.3%,最大超标指数为 2.1 倍;浍河区氟化物超标率为 57.9%,最大超标指数为 3.1 倍;王引河区氟化物超标率为 50.0%,最大超标指数为 5.8 倍。全市氟化物最大超标指数为 5.8 倍,出现在王引河区芒山镇姜楼村。

9.2.5 氯化物

沱河氯化物超标率为 18.2%,最大超标指数为 3.8 倍;包河氯化物超标率为 21.4%,最大超标指数为 2.0 倍;浍河氯化物超标率为 15.8%,最大超标指数为 1.7 倍;王引河氯化物超标率为 30.0%,最大超标指数为 1.5 倍。全市氯化物最大超标指数为 3.8 倍,出现在沱河区薛湖镇董庄。

9.2.6 硫酸盐

沱河区硫酸盐超标率为 50.0%,最大超标指数为 4.4 倍;包河区硫酸盐超标率为 7.1%,最大超标指数为 1.7 倍;浍河区硫酸盐超标率为 31.6%,最大超标指数为 2.3 倍;王引河区硫酸盐超标率为 70.0%,最大超标指数为 10 倍。全市硫酸盐最大超标指数为 10 倍,出现在王引河区条河乡韶山村。

9.2.7 挥发性酚

永城市浅层地下水挥发酚均未检出。

9.3 永城市单井水质综合评价

根据水质监测井各监测项目的评价结果来确定监测井的水质类别。

评价结果表明:沱河区 22 眼井中,Ⅲ类水有 5 眼,占 22.7%;Ⅳ类水有 3 眼,占 13.6%;Ⅴ类水有 14 眼,占 63.7%。包河区 14 眼井中,Ⅱ类水有 4 眼,占 28.6%;Ⅲ类水有 3 眼,占 21.4%;Ⅳ类水有 4 眼,占 28.6%;Ⅴ类水有 3 眼,占 21.4%。浍河区 19 井中,Ⅲ类水有 6 眼,占 31.5%;Ⅳ类水有 4 眼,占 21.1%;Ⅴ类水有 9 眼,占 47.4%。王引河区 10 眼井中,Ⅲ类水有 2 眼,占 20.0%;Ⅳ类水有 1 眼,占 10.0%;Ⅴ类水有 7 眼,占 70.0%。也就是说劣质水井(Ⅳ、Ⅴ类水,下同)共有 45 眼,占全部水质监测井的 69.2%。这说明全市平原区地下水已遭到相当程度的污染。

在评价的四个区域中,王引河区地下水水质最差,劣质水井占到 80.0%;其次是沱河区占 77.3%,浍河区占 68.5%;包河区地下水水质稍好,劣质水井占50.0%。

永城市地下水现状水资源评价结果见附表 17(P149)。

单井评价结果的合理性很大程度上取决于水质监测井布设位置的选定和密度,当然也和采样及分析化验的质量保证有很大关系。由于此次评价对上述方面予以足够的重视,所以从评价结果看基本上是合理的。永城市全市劣质水井数占评价总数的 69.2%,但其中相当一部分是因为总硬度、氟化物、矿化度等天然水化学主要成分含量较高,或因氟化物等水化学异常项目造成的,属于人为影响造成的污染只是一部分。总硬度、矿化度、氟化物、硫酸盐是永城市地下水的主要超标物。

9.4　永城市地下水水质与水量统一评价

9.4.1　评价方法

评价范围为永城市平原区。评价方法是用分区评价中地下水不同水质类别的面积和地下水资源数量评价(1980～2000 年平均)结果相结合,确定不同类别的水资源量,并按流域、水资源三级区和地级行政区进行统计、分析。

9.4.2　不同水质的地下水资源量评价

其评价结果表明:在全市 43 603.1 万 m³ 地下水中,地下水 Ⅱ 类水资源量为 4 062.5 万 m³,占总资源量的 9.32%;地下水 Ⅲ 类水资源量为 15 923.9 万 m³,占总资源量的 36.5%;地下水 Ⅳ 类水资源量为 2 153.9 万 m³,占总资源量的 4.94%;地下水 Ⅴ 类水资源量为 21 462.8 万 m³,占总资源量的 49.2%。

四个水资源分区中,包河区 Ⅱ 类地下水资源量为 4 062.5 万 m³,占 53.1%,Ⅲ 类地下水水资源量为 1 134.4 万 m³,占 14.8%,劣质地下水为 2 460 万 m³,占到 32.1%;浍河区劣质地下水为 5 887.5 万 m³,占到 40.7%;沱河区劣质地下水为 10 359.5 万 m³,占到 89.4%;王引河区劣质地下水为 4 909.7 万 m³,占到 49.6%。其评价结果表明:包河区水质较好。

9.5 永城市地下水变化趋势分析

9.5.1 水质监测点选定

依据掌握的永城市区内地下水水质监测情况,选择了具有多年水质监测资料的水源井作为地下水变化趋势分析的监测井。本次主要选择了位于包河区的马桥村、浍河区的鄘城、王引河区的付楼村,具有一定的代表性的 3 个监测井。

9.5.2 水质项目选定

根据永城市区内地下水水质长期监测项目,水质项目应该是相对稳定和不宜分解,且具有一定的代表性。为此本次水质预测项目选择为 pH、矿化度、总硬度、氨氮、硫酸盐、氯化物、氟化物、挥发酚、高锰酸盐指数。

9.5.3 永城市水质变化趋势结果与分析

采用永城市 1990～2005 年水质监测井资料,绘制各水质监测项目监测值的动态曲线(见图 9-1 至图 9-3),分析水质历年变化情况,记录有显著动态变化特征的监测项目名称以及监测起止年份、监测值,计算监测起止期间相应数值的年均变化量和年均变化率。

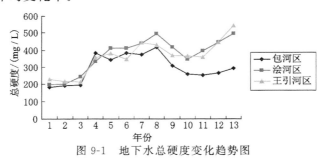

图 9-1　地下水总硬度变化趋势图

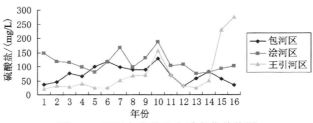

图 9-2　地下水硫酸盐水质变化趋势图

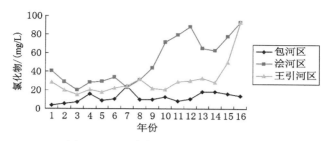

图 9-3　地下水氯化物水质变化趋势图

其简易分析方法如下：

首先，选取有显著变化的监测项目 i，该监测项目 i 在起始监测年份（t_1）的监测值为 C_{i1}，在终止监测年份（t_2）的监测值为 C_{i2}，则该监测项目监测值的年均变化量 ΔC_i 为：

$$\Delta C_i = \frac{C_{i2} - C_{i1}}{(t_2 - t_1)} \qquad (9\text{-}1)$$

该监测项目监测值的年均变化率 RC 为：

$$RC = \frac{\Delta C_i}{C_{i1}} \times 100\% \qquad (9\text{-}2)$$

根据计算结果，永城市包河区地下水矿化度年变化率为 9.1%，水质趋于恶化；总硬度年变化率为 7.0%，水质趋于恶化；氯化物年变化率为 16.9%，趋于恶化；硫酸盐年变化率为 −0.3%，水质趋于改善。浍河区地下水矿化度年变化率为 10.0%，水质趋于恶化；总硬度年变化率为 12.2%，水质趋于恶化；氯化物年变化率为 8.7%，水质趋于恶化；硫酸盐年变化率为 −2.0%，水质趋于改善。王引河区地下水矿化度年变化率为 3.5%，水质趋于稳定；总硬度年变化率为12.8%，水质趋于恶化；氯化物年变化率为 15.2%，趋于恶化；硫酸盐年变化率为 87.7%，水质趋于恶化。

永城市地下水水质监测成果见附表 18（P150～P157）。

永城市地下水水质变化趋势分析成果见附表 19（P158）。

9.6　永城市地下水水质污染分析

9.6.1　永城市地下水污染状况

地下水的污染程度采用污染指数衡量。本次评价规定，水质项目 i 在近期的污染指数 P_i 是指该项目 2005 年左右的监测值 C_i 与该项目 1980 年左右的监

测值 C_{i0} 的比值。若 P_i 大于 1,则表明地下水遭到污染。P_i 越大,则表示地下水污染程度越严重。

9.6.1.1 地下水污染的概念

地下水污染是指由于人类活动使污染物进入地下水体中,造成地下水的物理、化学性质或生物性质发生变化,降低了其原有使用价值的现象。地下水污染一般分为直接污染和间接污染两种。直接污染的特点是地下水中的污染物直接来源于污染源。在污染过程中,污染物性质不变,只是数量有所增减。间接污染的特点是地下水中的污染物在污染源中含量并不高或根本不存在,它是污染过程的产物。例如,由于污染引起的地下水硬度增高等。直接污染是地下水污染的主要方式,污染过程较为简单,污染来源及途径容易被发现。间接污染过程复杂,真正的污染原因和途径容易被掩盖,难于发现。永城市地下水水质由于天然因素,即使没有人为污染,也有部分为劣质水,为了解永城市人为污染因素对地下水水质的影响,我们进行了地下水污染分析。在本次评价的 9 个项目中,除总硬度、矿化度等主要天然水化学成分及氟化物等水化学异常项目受人类活动的影响较小外,其余项目可以认为主要取决于人类活动的影响,这些项目,如达到Ⅳ类、Ⅴ类水标准,则认为地下水被污染(Ⅳ类为轻度污染,Ⅴ类为重度污染);如达到Ⅰ类、Ⅱ类、Ⅲ类,则认为水质未受到污染。这些项目主要有氨氮、高锰酸盐指数、挥发酚等。

9.6.1.2 地下水污染分布

根据单井综合评价(污染项目)确定的监测井的水质类别,进行监测井代表面积分析,确定由该监测井水质类别代表的地下水分布面积,并按流域、水资源三级区和地级行政区进行统计、分析。从永城市水质现状分析成果来看,氨氮在永城市浅层地下水中是主要污染物。

评价结果表明:在永城市 1 994 km² 中,地下水轻度污染面积为 72.8 km²,占 3.7%,地下水重度污染面积为 106.9 km²,占 5.4%,两项之和污染面积为 179.7 km²,占 9.1%,未受到污染的面积为 1 814.3 km²,占 89.9%。四个区域中,沱河区重污染面积为 73.27 km²,占 13.8%;浍河区重污染面积为 33.62 km²,占 5.3%;包河区、王引河区无重污染区。

对分区污染评价结果进行分析,并和分区水质评价结果对照,可以看出:永城市污染总面积大大小于劣质区面积。永城市污染面积为 179.7 km²,占总面积的 9.1%,而劣质区面积为 1 287.8 km²,占总面积的 64.6%。四个区域情况相似,其原因主要因为相当一部分劣质区是由矿化度、总硬度、氟化物等地下水本底成分超标引起的,这说明永城市地下水水质先天不足。

永城市地下水水质污染分析成果见附表20(P159)。

9.6.2　永城市地下水污染成因分析

地下水受污染的途径很多,从永城市情况看主要有以下几种。

(1)地表水污染的影响

永城市地表水污染较为严重,由于地表水和浅层地下水的密切联系,当地表水受到污染时极易导致地下水的污染。此次评价结果表明,永城市地下水水质污染的空间分布和地表水相似,特别是污染严重的河流两侧地下水均受到不同程度的污染,这说明地表水污染对地下水的影响。

(2)污水灌溉及某些小企业污废水的渗坑排放

永城市水资源较为短缺,一些地方采用未经处理的工业废水及生活污水进行灌溉,而土壤对污水的净化降解能力有限,长期的污水灌溉,将造成地下水污染。

(3)生活垃圾、固体废弃物处置不当对地下水造成的污染

生活垃圾主要包括燃烧消耗产生的废气、废渣、生活污水和垃圾等,虽然排放量不大,但都未经过处理,有害成分浓度较高。一些厂矿将固体废弃物任意堆放,特别是一些露天存放的尾矿,冶炼废渣、粉煤灰、赤泥等,以及城市周边的垃圾堆放场,绝大多数无防渗措施,这些有害物质随降雨淋滤渗入地下污染地下水,使地下水氨氮含量偏高。

(4)农药化肥的施用不尽合理是地下水水污染的主要面污染源

永城市是农业大市,化肥施用量较大,而过多地、不合理地施用农药化肥,将造成地下水水质污染。氨氮是反映面污染源中化肥对地下水资源质量影响的标志指标,氨氮超标的主要原因与农民有偏施、重施氮肥的习惯有直接关系,如农田施用氮肥,会有相当于氮肥施用量的 12.5%～45% 的氮从土壤中流失,下渗并污染地下水。此次评价结果表明,永城市地下水中氨氮最大值为 8.72 mg/L,超标较为严重,这和化肥的使用有一定的关系。

第10章 水资源统计与保护规划

10.1 水功能区点污染源统计与分析

10.1.1 入河排污口情况

排污口调查内容包括调查排污口的性质、排污口的排放方式、主要污染物。

2005 年永城市共调查排污口 8 个,排污口的入河方式以明渠为主,明渠排污口 5 个,占调查总数的 62.5%;其余的是暗管,暗管排污口 3 个,占调查总数的 37.5%。按排污口排放的污水性质统计,工业废污水排污口 6 个,占调查总数的 75%;生活污水排污口 2 个,占调查总数的 25%。排污口的污水排放方式全部为连续排污。

10.1.2 废污水及污染物排放量

根据调查监测统计,永城市 2005 年城镇生活废污水排放量为 519.8 万 m³,一般工业废污水排放总量为 4 115 万 m³,2005 年废污水排放量共计 4 634.8 万 m³。2005 年永城市各水功能区废污水排放量见表 10-1。

表 10-1 　　　　　 **2005 年永城市各水功能区废污水排放量表**

水功能区	工业废污水排放量/万 m³	生活废污水排放量/万 m³	合计/万 m³
沱河永城饮用水源区	631	0	631
沱河豫皖缓冲区	1 140	442	1 582
浍河永城排污控制区	77.8	2 344	2 421.8

2005 年,永城市 COD 排放总量为 1 562 t,其中一般工业废污水中的排放量为 592 t,城镇生活污水中的排放量为 970 t;氨氮排放总量为 270.4 t,其中一般工业废污水中的排放量 76.3 t,城镇生活污水中的排放量 194.1 t。2005 年永城市各水功能区主要污染物排放量见表 10-2。

表 10-2　　　　　　2005 年永城市各水功能区主要污染物排放量表

水功能区	COD 排放量/t			氨氮排放量/t		
	工业	生活	合计	工业	生活	合计
沱河永城饮用水源区	147	0	147	8.17	0	8.17
沱河豫皖缓冲区	262.5	825	1 087.5	19.31	130	149.31
浍河永城排污控制区	181.4	145	326.4	48.9	64.1	113

10.1.3　废污水及污染物入河量

通过对各个入河排污口调查及监测,2005 年永城市废污水入河量为 3 661 万 m³,废污水入河系数为 0.79;2005 年永城市主要污染物 COD 和氨氮入河量分别为 1 140 t 和 178.5 t,主要污染物 COD 的入河系数为 0.73,氨氮的入河系数为 0.66。2005 年永城市各水功能区废污水及主要污染物入河量见表 10-3。

表 10-3　　　2005 年永城市各水功能区废污水及主要污染物入河量表

水功能区	废污水排放量/万 m³	COD 排放量/t	氨氮排放量/t
沱河永城饮用水源区	498.49	107.31	5.39
沱河豫皖缓冲区	1 249.78	794.24	98.3
浍河永城排污控制区	1 913.38	237.98	74.6

10.2　水功能区纳污能力计算

10.2.1　水功能区纳污能力定义

水体纳污能力是指对确定的水功能区,在满足水域功能要求的前提下,在给定的水功能区水质目标值、设计水量、排污口位置及排污方式下,功能区水体所能容纳的最大污染物量,单位以 t/a 表示。

受污染的水体在水中经过物理、化学和生物作用,污染物浓度和毒性随着时间的推移或在流动的过程中自然降低,这就是水体的自净作用。影响水体自净过程的因素有很多,其中主要因素是:受纳水体的水文条件,微生物种类与数量、水温、复氧能力,以及水体和污染物的组成与污染物浓度等。河流的污染物自净作用是形成河流纳污能力的重要组成部分。因此,计算河流的纳污能力时,必须综合考虑河流水量、水质目标、污染物降解能力等方面的影响,并在此基础上建立河流纳污能力的计算模型。

10.2.2 水功能区纳污能力计算范围与程序

10.2.2.1 计算范围

纳污能力计算范围包括永城市包河、沱河、浍河、王引河 4 条河流,共计 8 个功能区,河长总计 157.5 km。纳污能力计算范围中一级水功能区包括:沱河豫皖缓冲区,河长 9 km;浍河豫皖缓冲区,河长 7 km。纳污能力计算范围中二级水功能区包括:沱河夏邑过渡区,河长 11.5 km;沱河永城饮用水水源区,河长 26 km;浍河永城排污控制区,河长 6 km;包河农业用水区(永城段),河长 36.7 km;王引河农业用水区(上),河长 13.5 km;王引河农业用水区(下),河长20.7 km。

10.2.2.2 计算指标

根据区域水质现状和水污染的特点,纳污能力计算控制指标确定为化学需氧量、氨氮。

10.2.2.3 计算方法与程序

水功能区纳污能力与功能区水质目标、水体稀释自净规律以及上游背景来水水质状况密切相关。而水体稀释能力决定于水量,其自净能力则决定于污染物在水体中的衰减能力。

(1)明确功能区纳污能力计算条件:COD 和 NH_4^+—N 两项水质指标分别对应于功能区水质保护目标的目标浓度值 C_s;功能区设计水文条件(包括设计水量及其相应设计流速)。

(2)选择适宜的水量水质模型及其模型参数值,模拟污染物在水功能区内的稀释与自净规律。

(3)利用数学模型,根据纳污能力计算条件,进行水功能区纳污能力计算。

10.2.2.4 模型参数的确定

(1)初始断面背景浓度(C_0)的采用

水功能区初始断面背景浓度是根据实际情况,参照主要控制断面背景浓度及补充监测断面背景浓度采用。而下一个功能区的 C_0 则采用上一个功能区的水质控制目标浓度 C_s。永城市各水功能区初始断面背景浓度见表 10-4。

(2)水质控制目标浓度(C_s)的采用

由于各功能区水质控制目标是以水质类别表达的,而水质类别给定的是污染物浓度范围,因此,在确定 C_s 值时,考虑计算河段内各功能区的实际情况,而不能一概采用污染物最高浓度限值。

表 10-4   永城市各水功能区初始背景浓度值

水功能区		初始断面	背景值浓度/(mg/L)	
一级区	二级区		化学需氧量	氨氮
沱河虞城开发利用区	沱河夏邑过渡区	陈油坊	30	1.5
沱河虞城开发利用区	沱河永城饮用水源区	张板桥	20	1
沱河豫皖缓冲区		张桥	20	1
东沙河商丘开发利用区	浍河永城排污控制区	新桥	20	1
浍河豫皖缓冲区		黄口	20	1
	包河农业用水区（永城段）	裴桥	30	1.5
	王引河农业用水（上）	芒山	20	1
	王引河农业用水（下）	李黑桥	20	1

（3）设计水文条件的确定

① 设计流量

根据有关标准要求，在永城市境内纳污能力计算中，采用最近 10 年最枯月平均流量或 90% 保证率最枯月平均流量作为设计流量。

② 河段平均流速（设计流速）

根据实测流量成果和大断面资料，河段平均流速（设计流速）U 按下式计算：

$$U = Q/A \tag{10-1}$$

式中　U——设计流速；

　　　Q——设计流量；

　　　A——过水断面面积。

永城市主要控制河段设计水量和设计流速见表 10-5。

表 10-5　　　　永城市主要控制河段设计流量和设计流速

水功能区		设计流量/(m³/s)	设计流速/(m/s)
一级区	二级区		
沱河虞城开发利用区	沱河夏邑过渡区	0.35	0.018
沱河虞城开发利用区	沱河永城饮用水源区	0.35	0.018
沱河豫皖缓冲区		0.35	0.018
东沙河商丘开发利用区	浍河永城排污控制区	0.21	0.023
浍河豫皖缓冲区		0.21	0.023
	包河农业用水区（永城段）	0.27	0.091
	王引河农业用水区（上）	0.37	0.1
	王引河农业用水区（下）	0.40	0.1

10.2.3 水质模型

水质模型是描述河流水体中污染物变化的数学表达式,及时利用数学方法描述污染物进入水体后与水体水之间所对应的输入响应关系。水质模型的建立可以为河流中污染物排放与河流水质提供定量关系。再根据水体水质目标要求,反推水体最大允许纳污量。水质的数学模型种类很多,不同模型适应于不同的的需求,反映水体内不同的水流水质运动特点。

永城市多数河段水体纵向流动明显,河道不是很宽,所以永城市水功能区纳污能力的计算采用一维水质模型进行分析。

10.2.3.1 污染物综合衰减系数

污染物综合衰减系数 K 是反映污染物沿城变化的综合系数。它体现污染物自身变化,也体现了环境对污染物的影响。它是计算水体纳污能力的一项重要参数。对于不同的污染物、不同的环境条件,其值是不同的。该系数常用自然条件下的实测资料率定。

根据《水域纳污能力计算规程》规定,本次永城市水域纳污能力计算中的综合衰减系数主要采用实测法。

选取河道顺直、水流稳定、中间无支流汇入、无排污口的河段,分别在河段上游(A 点)和下游(B 点)布设采样点,监测污染物浓度值,并同时测验水文参数以确定断面平均流速。综合衰减系数(K)按下式计算:

$$K = \frac{V}{X} \ln \frac{C_A}{C_B} \qquad (10\text{-}2)$$

式中　V——断面平均流速;

　　　X——上下断面之间距离;

　　　C_A——上断面污染物浓度;

　　　C_B——下端面污染物浓度。

10.2.3.2 河流一维模型

河流一维模型适用于污染物在横断面上均匀混合的中、小型河段。污染物浓度按下式计算:

$$C_x = C_0 \exp\left(-K \frac{x}{U}\right) \qquad (10\text{-}3)$$

式中　C_x——流经 x 距离后的污染物浓度,mg/L;

　　　C_0——初始断面的污染物浓度,mg/L;

　　　x——沿河段的纵向距离,m;

　　　U——设计流量下河道断面的平均流速,m/s;

K——污染物综合衰减系数,1/s。

相应的水域纳污能力按下式计算:

$$M = (C_s - C_x)(Q_0 + Q_p) \tag{10-4}$$

式中　M——水域纳污能力,mg/L;

C_s——水质目标浓度值,mg/L;

Q_0——初始断面的入流流量,m³/s;

Q_p——废污水排放流量,m³/s;

其余符号意义同上。

当 $x = L/2$ 时,即入河排污口位于计算河段的中部时,水功能区下断面的污染物浓度按下式计算:

$$C_{x=L} = C_0 \exp(-KL/U) + \frac{m}{Q_0} \exp(-KL/U) \tag{10-5}$$

式中　m——污染物入河速率,g/s;

L——计算河段长,m;

$C_{x=L}$——水功能区下断面污染物浓度,mg/L;

其余符号意义同前。

相应的水域纳污能力按下式计算:

$$M = (C_s - C_{x=L})(Q_0 + Q_p) \tag{10-6}$$

式中符号意义同前。

10.3　水功能区纳污能力计算结果及分析

10.3.1　计算结果

现状年永城市水功能区年纳污能力计算结果如下:COD 排放量为 1 658.4 t,氨氮排放量为 67.47 t。

永城市水域纳污能力计算成果详见附表21(P160～P161)。

10.3.2　计算成果分析

现状年永城市各水功能区中,① COD 纳污能力最小的是王引河农业用水区(上),为 48.8 t;COD 纳污能力最大的是沱河豫皖缓冲区,约为 531 t;② 氨氮纳污能力最小的是王引河农业用水区(上),为 1.53 t;氨氮纳污能力最大的是沱河豫皖缓冲区,约为 25.1 t。

10.4 污染物入河总量控制及排放量控制

10.4.1 拟定的原则和具体要求

（1）以水功能区为单元,将现状水平年的污染物入河量与纳污能力相比较,如果污染物入河量超过水功能区的纳污能力,需要计算入河削减量和相应的排放削减量;反之,制订入河控制量和排放控制量。削减量和排放控制量均需要进一步分配到相应的陆域。

（2）水功能区现状水平年的污染物入河量与相应的纳污能力之差,即为该水功能区现状水平年的污染物入河削减量。当水功能区现状水平年的污染物入河量预测结果小于纳污能力时,为有效控制污染物入河量,应制订水功能区污染物入河控制量,应制订入河控制量时,应考虑水功能区的水质状况、水资源可利用量、经济与社会发展现状及未来人口增长和经济社会发展对水资源的需求等。

（3）水功能区现状水平年的污染物入河削减量除以入河系数,即可得到水功能区的排放削减量。水功能区排放削减量等于水功能区所对应的陆域范围内在规划水平年的污染物排放削减量之和。按照核定的该水域纳污能力,向环境保护行政主管部门提出该水域的限制排污总量的意见。水功能区现状水平年的污染物入河控制量除以入河系数,即可得到功能区的排放控制量。

10.4.2 污染物入河总量控制及排放量控制结果

2005 年永城市水功能区 COD 入河控制总量为 1 095 t,入河削减量为 275.2 t;氨氮入河控制总量为 47.89 t,入河削减量为 140.4 t。

沱河永城饮用水水源区 COD 入河控制总量为 338 t,其纳污能力大于入河量;氨氮入河控制总量为 15.4 t,其纳污能力大于入河量。沱河豫皖缓冲区 COD 入河控制总量为 531 t,入河削减量为 263 t,其纳污能力小于入河量;氨氮入河控制总量为 25.1 t,入河削减量为 73.2 t,其纳污能力小于入河量。浍河永城排污控制区 COD 入河控制总量为 226 t,入河削减量为 12 t,其纳污能力小于入河量;氨氮入河控制总量为 7.39 t,入河削减量为 67.2 t,其纳污能力小于入河量。

10.5　水资源保护治理措施

10.5.1　水资源保护措施

永城市水资源保护应贯彻"预防为主,综合治理"的方针,对水环境承载能力大的区域应合理安排产业结构布局、限制污染物排放,避免造成新的污染;对水环境承载能力不足的区域,应优化产业结构布局、严格控制污染物排放量,使水体水质满足水功能区要求;对污染物排放量已超过了水环境承载能力的区域,应调整产业结构,大力削减现有污染物排放量,遏止水污染进一步恶化,与此同时,研究采取内源治理和水体交换等各种综合措施,治理水体中积存的污染物,以改善水环境。

具体措施如下:

(1) 完善流域政策法规体系

为保证永城市水资源保护工作有序进行,应根据需要制定流域层次的法规。永城市应尽快组织制定适合本市特点,以《淮河流域水资源保护条例》为依据,以人、水和谐为水资源保护的基本思路,确立以保证流域饮水安全、生态安全及实现流域水资源可持续发展为目标;尽快制定适合本流域特点的有关规章、经济政策和技术标准。

(2) 强化水资源保护监督管理

加强对建设项目取水、排污及水功能区的监督管理,严格行政审批,控制新的污染发生。同时应加强水资源保护执法队伍建设,建立水污染事故应急处理程序,增强水资源保护执法快速反应能力。要进一步重视舆论监督和宣传工作,发挥社会和舆论的监督作用。

(3) 建立适应市场经济体制的投入机制

水资源保护是公益性事务,应由政府负责组织实施。应按照地方政府和企事业单位、居民等市场主体在水资源保护中的地位与责任,合理分摊有关费用。应完善水资源保护中的地位与责任。完善水资源保护税费政策,推进改革水价体制,重点保障水土保持生态环境建设,水体的综合整治,水资源保护管理、监测、科研等项目。与此同时,在污水处理、垃圾处置、污水回用等项目的实施中应引入市场机制,实现投资建设、运营、管理的市场化。

(4) 加强排污口的监督管理

为合理开发利用水资源,充分发挥水资源的综合效益,促进社会经济的可持续发展,必须加强和规范化对排污口的监督管理,有效保护水资源和水环境。建立入河重点污染物总量控制制度,进一步完善水功能区的制度。确定各功能区的水质标准,纳污能力,入河重点污染物的控制总量。严格排污权的管理,建立入河排污口审批制度。对重要的水功能区和重要的入河排污口进行实时监控,制订各类水功能区的保障措施,重点加强饮用水水源保护区的监测和管理。各级水行政主管部门把加强和规范排污口的监督管理,作为保护水资源的一项重要任务,搞好排污口的核查或调查登记,建立管理档案。对申请取水许可证的单位严格审查,禁止向污染严重的单位发放新的取水许可证。对不能达标排放的企业,擅自新增或扩大排污口的单位,根据有关规定予以查处或依法吊销取水许可证。明确职责、深入实地、登记造册。各地要防治水污染,从污染源头抓起,将排污口管理工作纳入议事日程。做好对排污单位在水利工程内所设排污口的全面检查工作;加大对取用水大户退水水质的监测力度,对浓度排放的超标单位,提出限期治理和削减排污意见;把重要排污单位纳入重点监测范围,为了巩固核查成果,各地对排污口的详细情况,包括排污汇入河流、污水性质、污染物质量、污水入河方式及排污口接纳的主要单位,均登记《入河排污口调查表》册,绘制《入河排污口示意图》,建立管理档案。

(5)饮用水源地管理体制、机制与制度建设

从防止永城市饮用水水源地水体污染、保障广大人民群众饮水安全,增加有效供给、保护水源地水质水量的角度,提出切实可行的保护城市饮用水水源地的法律、行政、经济、技术、宣传教育等方面的制度与措施。

编制科学的城市饮用水水源地安全建设方案,制订饮用水水源地保护和管理对策,完善饮用水水源地的安全保障机制,统筹协调生产、生活、生态用水关系,为今后一个时期城市饮用水水源地保护、建设和管理提供科学依据。

通过强化法制、改革体制、完善城市饮用水水源地法规体系及相关制度建设,利用法律和经济手段规范调节水事行为。

加强对生态与环境的保护措施与制度建设,制止对生态与环境的破坏,逐步修复生态与环境,控制水土流失造成的面源污染;建立与实施入河污染物控制与排放总量控制制度,建立地下水资源保护管理制度。制定切实可行的措施,加强水源地的保护和建设。

加强城市饮用水水源地监控系统建设,建设水质预报和突发事故的预警预报系统,加强城市饮用水水源地监管能力建设。

禁止在饮用水水源保护区内设置排污口。以城市经济社会发展和水质水量预测为基础,预测规划水平年饮用水水源水质水量状况,核定保护区外围水域纳污能力。在此基础上,制订饮用水水源保护区外入河排污总量控制和排放总量控制方案,以便于有关部门进行相应陆域污染源的治理和控制。

10.5.2　水资源治理措施

采取工程措施提高水环境容量和水体自净能力的主要方法有排污口整治、水功能区疏浚清淤等。

（1）排污口整治

目前永城市各河流流域内部分城镇取、排水口布局不尽合理，影响取水水质。应根据水功能区要求，结合污水处理设备和堤防建设，对城市现有取、排水口进行优化调整并实施整治。

供水水源地中取水口与排污口共存，直接威胁供水安全；而在城市下游河段，对水质要求不高的工业用水区、排污控制区等，排污口数量不多，水环境容量绰绰有余。在城市雨污分流及污水处理厂的规划中，应充分考虑到排污口的设置与水功能区划的协调性，将排污口尽量布设于城市河段下游排污控制区等水功能区内，充分利用水环境容量，确保城市供水安全。

按照水功能区保护目标和水资源保护规划要求，编制入河排污口整治规划，并组织实施。新建、改建或者扩大入河排污口的，排污口设置单位应征的有管辖权的水行政主管部门或流域管理机构同意。

（2）河道疏浚清淤

整治永城市入河排污口的同时，应配合进行河道疏浚清淤。永城市河流枯季流量小，水环境容量低，易发生水污染事故，因此应制订各河流流域水污染防治预案。

10.5.3　污染源控制措施

10.5.3.1　工业污染源治理

（1）全面实行污染物排放总量控制和排污许可证制度

根据水功能区纳污能力计算结果，结合工业污染源的调查，在永城市工业污染源实现达标排放的基础上，将水功能区污染物排放总量和削减目标分解落实到每个企业和单位。

对所有工业招商引资项目和新、改扩建项目，在严格执行环境影响评价制度和环保"三同时"制度的同时，由环保部门根据当地的水功能区纳污能力核定允许排放量，没有排放容量的功能区首要任务是对现有污染源的治理，严格控制新建项目的审批，认真实施环境容量"一票否决制"。各地新建、改扩建项目，"以新带老"项目中承诺的总量控制措施必须具体、完善。

环保部门对达标排放且排放的水污染物总量在允许范围内的工业企业，核发排污许可证，对达标排放但总量超过控制指标的，当地政府下达限期治理要求。对建设项目试生产期间可核发临时许可证,竣工验收后核发正式许可证。

（2）确保工业企业达标排放

实现流域内工业污染企业的稳定达标排放,是淮河流域水资源保护的关键所在。开展域内工业污染源调查工作,对调查清理出来的水污染物超标排放企业,要求各级政府实施限期治理,确保辖区内工业污染源稳定全面达标排放,并按规定安装在线监测系统,建立工业污染源动态数据库,加强监管。

对不符合国家产业政策,严重污染环境、影响居民正常生活的企业,缺乏有效治污设施、污染物超标直排的企业,危及水源安全的企业,以及采取限产限排等措施后仍不能达标的企业,环保部门要报请政府一律实行停产治理;对不按要求停产整治或治理达标无望的企业,报请政府予以关闭。对限期治理企业实行挂牌督察,并列入各地政府年度党政一把手环境保护责任目标;通过媒体向社会公布,接受群众监督。

（3）调整产业结构和优化工业布局

按照国家产业政策的要求和当地资源及环境容量等情况,指导各地科学发展观的思想,按照清洁生产和循环经济的标准,制订永城市产业发展规划,指导经济建设和发展,下大力气调整产业结构,合理工业布局,凡是生产规模、生产工艺不符合国家产业政策的,应坚决予以关停。

（4）实行排污权交易制度

在永城市试行并规范排污交易市场,逐步推行排污交易制度。对于排污总量不能满足新建设项目要求的,可以通过在本辖区内实行排污交易调剂总量指标。同时也鼓励企业对通过技术改造、末端治理等削减下来的污染物排放量指标进行交易。

（5）在永城市重点工业污染源实施环境监督员制度

向社会聘请环境监督员进驻重点排污企业。环境监督员的主要履行职责:监督企业污染防治设施的实施及正常运行,并定期向当地环保部门汇报;当发现企业出现超标排放时,有责任对企业的超标排污行为加以制止,并及时向当地环保部门通报;在企业做好环境保护、安全生产宣传,以及相关技术培训等工作。环境监督员采用定期轮岗制。

10.5.3.2 城镇生活污染源控制

随着永城市内的生产、生活废水及废弃物大量增加,城镇迅速发展扩大与城镇污水处理设施的滞后的矛盾日益加重。永城市水资源短缺、水污染严重问题要得以解决,实施废水资源化是必然的选择之一。加快城市废水处理实施建设步伐是水污染控制、防污减灾的基础。实施污水回用、减少废水排放是控制水环境污染、解决水资源短缺矛盾的有效途径之一。要认真落实国家有关城镇污水处理厂建设政策,逐步提高污水处理收费标准,积极引入市场机制和竞争机制,拓展融资渠道,逐步实现投资主体多元化、运营主体企业化、运行管理市场化,加强城镇污水处理厂建设步伐。

10.5.3.3　面源污染治理措施

面源污染正逐步成为水体的主要污染源。粗放型农业耕作模式造成农灌退水和化肥农药流失量大,面源有机污染对河流水质影响明显。在加强点源控制基础上,必须加大面污染源的治理和控制力度。应采取得力措施,加快区域的水土保持工作进度,逐步调整农业产业结构,积极发展节水灌溉农业,指导农民科学施用化肥农药,把面污染源的治理、控制纳入水污染防治与水资源保护的监控体系。

由于面源污染存在较大的随机性、不确定性、时间及空间的分布不均等特点,难以找到有效的治理方法。分析目前国内外主要的非点源污染治理方法,通过源头控制措施、迁移途径控制措施等减少区域非点源污染物输出是主要和有效的控制方法。

永城市面源综合控制措施如下:

(1)推动农业生态工程建设,控制农业面源污染

在永城市内推广利农村沼气无害化处理,秸秆气化,秸秆覆盖,平衡施肥和病虫害综合防治技术,改变农村能源结构,促进农业能源结构,促进农业废弃物资源化再生利用和循环经济的发展。开展有机食品基地,绿色食品基地,无公害食品基地建设,发展农业清洁生产,促进现代农业发展,推动农业结构调整。推广使用喷灌、滴灌等节水灌溉技术,大力发展节水农业,削减农田径流,从源头和生产过程有效控制农业面源污染。

(2)开展污染现状调查与监测,有效治理农业面源污染

对永城市内农业面源污染现状,包括污染源、污染物及其对水体的污染响应等进行全面普查,加强农业面源污染常规性监测,争取在短期内查明污染来源、污染成因和污染途径,掌握农业面源对水体的影响范围和强度,评价农业污染物氨氮、COD、P、杀虫剂等对水体负荷量的影响,污染贡献率以及冲刷泥沙引起的水体淤塞等问题。及时、准确、科学、全面地掌握流域内农业面源污染现状,建立主要农业污染源、污染物及重点污染区、敏感区档案和调查监测信息数据库。通过综合分析,了解污染物迁移转化规律和面源污染动态,建立变化趋势模型,为全市农业污染源总量和农业面源污染的有效治理提供科学依据。

10.5.4 水质监测规划

10.5.4.1 水质监测目的

水质监测的目的是为水资源保护规划监督管理服务,是检验水资源保护规划实施效果的重要手段,为合理利用、开发和保护水资源提供科学依据。通过监测及时掌握水域水环境变化趋势及排污现状,有效控制入河污染负荷,达到切实保护水资源的目的。

10.5.4.2 水质监测断面(测点)布设

(1)布设原则

依据《水环境监测规范》(SL 219—1998)的具体技术要求,以现有水质站网为基础,尽可能与国家水文站点相结合,做到水质、水量并重的原则,同时与水功能区划相适应,以满足能准确反映功能区水质状况为前提,兼顾监测的实效性、代表性及交通便利性。

(2)布设方法

对功能区较短的河段,将控制断面设于能有效控制功能区水质最不利情况的地方,一般布设一个监测断面;对水域水质有可能造成重大影响的排污口,在其下游混合断面设置监测点;对分左右岸划分的河段,在各功能区入口断面布设监测点;对功能区较长的河段,于上下游控制断面、河段中间适当位置布设两个或两个以上的监测断面。

10.5.4.3 水质监测项目及监测频次

(1)监测项目

依据功能区河段水域使用功能确定相应的监测项目,同时结合各功能区河段内主要排污口排污废水中的主要污染物确定相应的必须控制指标,以能准确反映该河段水域水环境现状为原则。根据功能区划性质监测项目相应执行《地表水资源质量标准》(SL 395—2007)、《农业灌溉水质标准》、《渔业用水水质标准》、《景观娱乐用水水质标准》。

(2)监测频次

为便于水质监测工作的有效实施,切实可行,分别拟定规划水平年2020年、2030年监测频次,对水质良好、无明显污染源的河段,监测频次适当减少,对饮用水源保护区、排污控制区、过渡区、一级功能区划中的缓冲区等重点水域,监测频次增加。

10.5.4.4 水质监测规划结果

根据永城市水功能区和断面布设原则,结合各河流的自然环境及社会经济状况,永城市共布设13个监测断面。永城市地表水监测断面规划结果见表10-6。

表 10-6　　　　　　　　　　永城市地表水监测断面规划结果

河流	监测断面名称	监测频率/次	监测费用/万元
包河	裴桥	4	1.0
	马桥	12	3.0
	温油坊	4	1.0
浍河	和顺	4	1.0
	新桥	4	1.0
	黄口	12	3.0
沱河	张板桥	12	3.0
	西十八里	4	1.0
	张桥	12	3.0
	东十八里	4	1.0
王引河	芒山	4	1.0
	刘河	4	1.0
	陈官庄	4	1.0

（1）水污染防治应急监测能力建设

为防止永城市突发性水环境污染事故,应建立应急监测网络系统。其主要建设内容为配置便携式现场监测仪器、实验室快速分析仪、通信设施、应急监测车及其配套设备、建立污染事故危险数据库。预计其总投资为 800 万元。

（2）永城市各河流水质自动监测站建设

永城市应建设自动监测站 3 座,每座建设费用为 200 万元,年运行费用为 12 万～20 万元。永城市水质自动监测站建设规划见表 10-7。

表 10-7　　　　　　　　　永城市水质自动监测站建设规划

站点名称	所在功能区	实施时间
张桥	沱河饮用水水源区	2010 年前
黄口	浍河豫皖缓冲区	2020 年前
马桥	包河农业用水区（永城段）	2020 年前

在上述水资源保护措施实施,同时保证上述工业污染防治、城镇生活污水处理实施有效运行,产业结构调整到位,水污染监督管理能力资金的情况下,污染物总量控制方案可基本实现,基本上可遏制住各河流水环境恶化趋势,从而保证各水功能区达到规划目标。通过保护、治理、保障措施的实施,可以有效改善永城市各河流水环境现况,提高永城市的水资源和水环境承载能力。

第11章　水资源演变情势分析与研究

　　水资源演变情势是指由于气候变化或人类活动改变了地表水产汇流与地下水入渗的下垫面条件,造成水资源量、可利用量以及水质发生时空变化的态势。本章内容是对永城市全市降水量、地表水资源量和地下水资源量进行情势分析,并对近20年来人类活动改变下垫面条件对其水资源情势的影响进行分析。

11.1　水资源情势分析

11.1.1　降水情势分析

　　利用降水量距平百分率 P 对永城市全市及各河流降水情况进行分析。降水量丰枯评价标准见表11-1。

表 11-1　　　　　　　　　　降水量丰枯评价标准表

丰枯程度	丰水年		平水年	枯水年	
	丰	偏丰		偏枯	枯
P 值	$P \geqslant 20\%$	$10\% < P \leqslant 20\%$	$-10\% < P \leqslant 10\%$	$-10\% < P \leqslant -20\%$	$P \leqslant -20\%$

　　永城市及各河流降水情势分析如下:

　　永城市20世纪50、60年代降水偏丰:1956年~1965年的10年间,丰水年有4年,偏丰水年有2年,其他年份为平水年;1966年为枯水年;1967年~1977年为平水年组。永城市1986~1994年为枯水年组,在9年内枯水年有3年,偏枯水年有3年,偏丰水年有2年,其他年份为平水年。永城市1995年~2005年降水量变差较大,丰、枯水年份交替出现:全市平均最大年降水量出现在1963年,年降水量为1 485.8 mm;最小年降水量出现在1966年,年降水量为513.1 mm。1956年~2005年永城市降水量距平百分率曲线见图11-1。

　　永城市全市平均降水量1956年~2005年系列大于1980年~2005年系列。与多年(1956年~2005年)平均降水量比较,永城市降水量20世纪50、60年代偏多,20世纪70、90年代偏少,20世纪80年代持平。按永城市河流统计,包河、

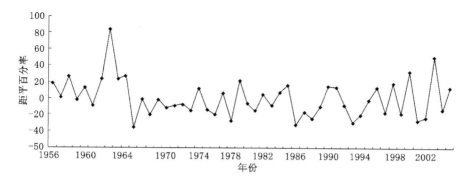

图 11-1　永城市降水量距平百分率曲线

沱河降水量小于全市平均降水量,浍河、王引河降水量则有:大于全市平均降水量。按降水量多年平均值大小排列,则有:王引河＞浍河＞沱河＞包河。1956年～2005年永城市降水量系列计算见表 11-2。

表 11-2　　　　　　　　永城市降水量系列计算表　　　　　　　单位:mm

河流	项目	降水量系列							
		1956～ 1960	1961～ 1970	1971～ 1980	1981～ 1990	1991～ 2000	1956～ 1979	1980～ 2005	1956～ 2005
包河	平均	870.0	789.7	757.1	726.2	778.3	794.8	756.9	775.1
	与多年比较	12.2	1.9	−2.3	−6.3	0.4	2.5	−2.3	
	与全市比较	8.0	−2.0	−6.0	−9.9	−3.4	−1.3	−6.1	−3.8
浍河	平均	915.7	862.9	732.9	763.0	835.2	825.2	803.4	813.9
	与多年比较	18.1	11.3	−5.4	−1.6	7.8	6.5	3.7	
	与全市比较	13.7	7.1	−9.0	−5.3	3.7	2.4	−0.3	1.0
沱河	平均	887.8	846.9	752.7	720.3	781.7	818.6	758.3	787.3
	与多年比较	14.5	9.3	−2.9	−7.1	0.9	5.6	−2.2	
	与全市比较	10.2	5.1	−6.6	−10.6	−3.0	1.6	−5.9	−2.3
王引河	平均	892.9	926.8	782.2	785.6	791.4	865.5	788.8	825.6
	与多年比较	15.2	19.6	0.9	1.4	2.1	11.7	1.8	
	与全市比较	10.8	15.0	−2.9	−2.5	−1.8	7.4	−2.1	2.5
全市	平均	898.3	869.0	759.2	754.5	797.4	833.9	779.5	805.6
	与多年比较	36.5	18.1	−5.2	0	−31.1	11.7	−13.3	

注:多年平均为 1956～2005 年平均值

11.1.2 径流情势分析

利用差积曲线分析径流量的丰、枯变化情况和变化趋势。差积曲线上升表示偏丰水年,差积曲线下降表示偏枯水年,差积曲线坡度反映径流量的丰枯强度。

差积曲线表达式为:

$$\sum_{1}^{t} (W_i - \overline{W})_i \sim T_i$$

式中　W_i——第 i 年径流量;

　　　$\overline{W}$——多年平均径流量;

　　　T_i——第 i 年时间。

永城市径流情势总体趋势分析如下:

永城市多年平均径流量 1956～1979 年系列比 1956～2005 年系列偏多 23.6%,1980～2000 年系列比 1956～2005 年系列偏少 24.4%。全市 1956～1958 年径流量增加,1959～1961 年减少,1962～1965 年增加为丰水期,且升幅较大,个别年份减少。1966～1980 年为枯水期,1981～1985 年增加,个别年份减少,1986～1990 年减少,为枯水期,1990～1991 年增加,1992～2002 减少,个别年份增加,2003 年增加,2004～2005 减少。最大年平均径流量出现在 1963 年,为 118 830 万 m^3,折合径流深为 596.0 mm;最小年平均径流量出现在 1966 年,为 3 479 万 m^3,折合径流深为 17.4 mm。永城市径流量差积曲线见图 11-2。永城市多年平均径流量系列计算结果见表 11-3。

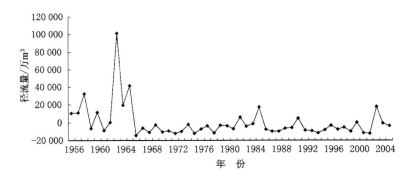

图 11-2　永城市径流量差积曲线

表 11-3	永城市多年平均径流量系列计算结果表				水量单位:亿 m³
系列年份	包河	浍河	沱河	王引河	全市
1956～1960	6 472.1	12 575.2	5 477.4	5 265.3	29 790.0
1961～1970	5 314.8	10 742.0	6 400.1	6 349.3	28 805.9
1971～1980	2 328.8	4 118.1	2 029.1	1 892.2	10 368.3
1981～1990	2 544.7	4 896.6	3 782.0	3 742.9	14 966.2
1991～2005	1 997.5	4 699.8	3 175.7	2 910.4	12 783.3
1956～1979	4 420.0	8 607.2	4 512.4	4 404.1	21 943.7
与多年平均比较(±%)	30.1	30.0	14.4	16.0	23.6
1980～2005	1 992.5	4 783.3	3 416.8	3 235.6	13 428.3
与多年平均比较(±%)	−41.4	−27.7	−13.3	−14.8	−24.4
1956～2005	3 398.2	6 618.8	3 942.7	3 796.5	17 756.2
注:多年平均为 1956～2005 年平均值					

11.1.3　水资源总量情势分析

　　永城市各河流水资源总量与永城市径流量情势相同:全市多年平均水资源总量 1956 年～1979 年系列大于 1956 年～2005 年系列,1956 年～2005 年系列大于 1980 年～2005 年系列,见图 11-3。永城市人均水资源总量由 1956 年～1979 年系列的 402 m³ 减少到 1980 年～2005 年系列的 344.8 m³;永城市亩均水资源总量由 1956 年～1979 年系列的 329.3 m³ 减少到 1980 年～2000 年系列的 282.4 m³。

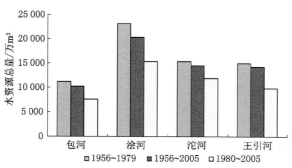

图 11-3　永城市各河流水资源总量对比图

　　永城市水资源总量 20 世纪 50 年代末至 60 年代初为下降期,此后至 20 世纪 60 年代中期为上升期;60 年代末期至 70 年代初大体呈现下降趋势;70 年代末至 80 年代初呈现上升趋势与下降趋势交替;80 年代末呈现下降趋势,20 世纪 90 年代大体呈现下降趋势,个别年份为上升趋势;2000 年后升降趋势变化差异较大。1956 年~2005 年永城市水资源总量差积曲线见图 11-4。

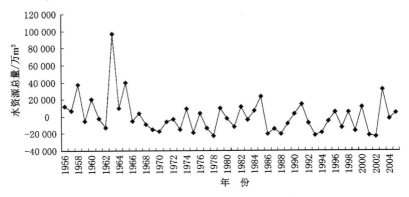

图 11-4　永城市水资源总量差积曲线图

11.2　水资源演变分析

11.2.1　水资源演变影响因素

影响水资源演变的因素大致包括降水影响、人类活动因素影响和下垫面因素的影响。

11.2.1.1　降水量

降水量的变化是径流演变的直接原因,降水量增加或减少必然会引起地表径流的变化,但由于降水量与地表径流的关系是非线性的,且降水量越小非线性影响越强,所以降水量的变化与地表径流演变不完全同步的,一般而言,径流量的减少要比降水量的减少幅度大一些。

11.2.1.2　人类活动

随着人口的大量增加,人类活动的加剧,使自然环境发生了很大变化。随着工业飞速发展,大气中温室气体浓度增加,导致全球平均辐射强度增强,改变了气候系统中的能量平衡,进而影响到全球或区域的气候变化。中国具有世界上最强烈的人类活动,中国的水资源环境深受人类活动影响。人类活动对水资源的影响是多方面的,最受人们关注的有以下几个方面。

（1）兴建水利工程对径流的影响

在河流流域内兴建水库、池塘不仅改变了径流形态,而且也可能减少水资源量。① 水利工程拦截了工程以上集水区域的地表径流,使下游实测地表径流量减少;② 水利工程蓄水,使流域水面面积加大,导致流域水面蒸发量增加;③ 水利工程蓄水后,加大了流域的地下水入渗补给水量。

水库群(含塘坝)拦蓄对径流产生影响。水库群的拦蓄作用主要是改变水库群下游径流的时空分布,对次洪水而言,它可以减小下泄洪水洪量,在中小洪水时,这种作用比较明显。大中型水库,因其防洪标准较高,在防洪标准内大洪水发生时,大中型水库可发挥拦蓄洪水的作用,达到减少水库下游洪峰的目的;但当超标准洪水发生时,水库为了保坝安全,往往敞泄,其后果很可能是人造洪峰,使下游形成比天然情况更大的洪水。小型水库与塘坝,其防洪标准较低或很低,除在一定量级洪水下能起削峰作用外,往往会为了水库自身安全而倾泻库内蓄水,加大下游洪水。

(2) 引水、用水对河川径流的影响

随着社会经济的发展,工农业用水、城市用水、生态用水在不断增多,流域内与跨流域引水以及各类用水量都带有许多不确定性,它们随时随地改变着河道的径流量。

① 农业用水的影响。在灌溉的陆面上由于供水较充分,使作物和土壤蒸散发量增加。灌溉用水不仅有一部分下渗补给地下水,同时灌溉用水使灌溉区域内土壤湿度增加,非饱和带土壤含水量加大造成较其他区域更有利于产流的土壤水分条件。

② 工业和生活用水的影响。工业和生活供水对地表径流的影响主要体现在输水过程中,管线渗漏补给包气带或含水层地下水,加大了土壤含水量,从而造成局部区域更有利的产流条件。但是,流域上游工业和生活用水量增加将使下游的径流量减少。

③ 抽取地下水引起地下水位消落,因而使地面径流减少的影响。大量抽取地下水引起地下水位消落,有的区域形成大范围的漏斗,使土壤非饱和带大幅度增加,土壤蓄水容量随之增大,改变了流域的产流形态(有资料显示,过去 20～30 mm 降雨就产流的地区,如今 100～200 mm 降雨也不见有地面径流)。当发生长历时大暴雨时,一部分雨量渗入土壤,补充了土壤缺水量,使地下水位迅速回升,后续雨水将可能更多地变为地面径流。

(3) 城市化对径流的影响

城市化加大洪水强度的原因主要有以下几方面:

① 下垫面发生变化——随着城市化的进程,区域土地利用方式发生了结构性的改变,如清除树木、平整土地、建造房屋、道路、覆盖排水河道,从而大大增加不透水面积,由于其表面极差的透水性,加快雨水沿地表的汇集,使洪峰增大,峰

形变陡,进而减少了雨水下渗,使地面径流增加。

② 兴建大量地下排水管道与抽水泵站,加快了城市雨水的排泄,增大了河道洪水强度。

③ 河道整治、疏浚、裁弯取直、兴建排洪道,提高了河道行洪能力。

④ 城区扩展,侵占洪水空间,削弱了调蓄当地雨洪与外洪的能力。城市发展需要土地,而水面、洼地、河滩、空地则往往成为最易、"最佳"的选择。

⑤ 沿江(河)堤防束水集聚效应抬高城市外河水位,城市堤防修筑得越来越高,除了会对城市环境带来不利影响外,还会使沿河归槽洪水增加,河道水位不断抬高。

11.2.1.3 下垫面

(1)地下水的影响

地下水水位对地表径流的影响主要表现在当地下水埋深较小时,下渗锋面易与地下水建立水力联系,地表水与地下水的补给排泄作用强烈;另一方面,当地下水埋深较小时,地下水也可以通过毛管水流向上输送,使包气带土壤含水量增加,形成有利于产流的条件。

当地下水埋深大于某一临界埋深时,下渗锋面与地下水间的水力联系微弱,降水补给地下水减少,降雨入渗有一部分蓄存于包气带中,而较厚的包气带所蓄存的水分改善了蒸散发的供水条件,加大了流域的蒸散发。所以,因开采地下水,水位下降严重时,河川径流量也将大幅减少。

(2)植被的影响

流域植被对地表径流的影响表现为对径流的涵养功能。当下垫面植被率较高时,加大了截流和蒸腾损失,从而使河流径流量减少。砍伐森林改种浅根植物会增加径流。

(3)地形的影响

在一定的高程内,径流随地形坡度(高程)的增加而增加,山区径流量大于平原地区径流量。

11.2.2 下垫面对径流量的影响分析

(1)年降水量—径流量相关关系分析

点绘永城市年降水量—径流量相关关系,见图11-5。从不同时期的年降水量—径流量关系变化分析显示:在1980年~2005年径流量系列中,当年降水量小于多年(1956年~2005年)平均降水量时,大多数径流量点据偏于1956年~1979年系列年降水量—径流量关系线的左侧,这表明同样的降水量在近期下垫面条件下所产生的地表径流有所减小(即地表径流有衰减的趋势)。

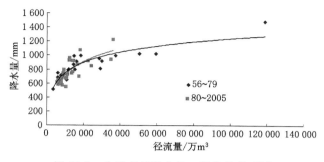

图 11-5　永城市年降水量—径流量关系图

（2）年降水量—径流系数相关关系分析

径流系数反映降水形成径流的比例,揭示下垫面的水文地质情况和降水特性对地表产流量的影响。其中,对其影响较大的因子包括下垫面的土壤和植被类型、前期土壤含水量、降水的量级和强度等。一般而言,降水量越大或降水强度越大,径流系数也相应较大;下垫面土壤含水量越大,径流系数越大,且这种关系是非线性的。所以用径流系数研究径流演变情势,必须区分降水影响和下垫面的影响。如果径流系数的减小幅度远大于降水量的减少幅度,那么其中有一部分可能是由下垫面变化所致。

点绘永城市 1956 年～1979 年、1980 年～2000 年两个系列的年降水量—径流系数关系,见图 11-6。该图同样显示出:1980 年～2000 年系列大多数径流系数点据偏于 1956 年～1979 年系列年降水量—径流系数关系线的左侧,这表明降水形成的地表径流量有衰减现象。

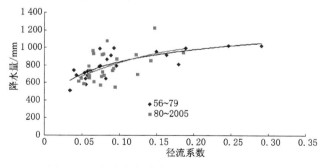

图 11-6　永城市年降水量—径流系数关系图

第12章 水环境承载能力分析和研究

12.1 水环境承载能力定义

社会经济可持续发展的重要条件之一是于水资源的可持续开发利用状况。而保证水资源可持续开发利用的关键是如何保护水资源的再生能力。有关研究表明,只要区域水资源的开发利用不超过其承载能力和环境容量,水资源就可以持续利用。因此,水资源承载能力的研究十分重要并具有现实意义。

近几年,有关水环境承载能力的定义主要有如下几种表述:

(1)它是指在某一历史发展阶段的技术、经济和社会发展水平条件下,水资源对该地区社会经济发展的最大支撑能力。

(2)它是指一个流域、一个地区、一个国家,在社会经济不同发展阶段的技术条件下,在水资源合理开发利用的前提下,当地水资源能够维系和支撑的人口、经济和环境规模总量。

(3)它是指一定的区域内,在一定的生活水平和生态环境质量下,天然水资源的可供水量能够支持人口、环境与经济协调发展的能力或限度。

(4)它是指某一历史发展阶段,以可预见的技术、经济和社会发展水平为依据,以可持续发展为原则,以维护生态良性循环发展为条件,在水资源得到合理开发利用下,该地区人口增长与经济发展的最大容量。

(5)它是指在一定流域或区域内,其自身的水资源能够支撑的经济社会发展规模并维系良好生态系统的能力。

(6)它是指某一区域的水资源条件在"自然—人工"二元模式影响下,以可预见的技术、经济、社会发展水平及水资源的动态变化为依据,以可持续发展为原则,以维护生态良性循环发展为条件,经过合理优化配置,对该地区社会经济发展所能提供的最大支撑能力。

自然因素是相对稳定的,即水资源量及环境对水量与水质的基本要求相对稳定。而社会经济因素则具有较大的变动性,其变动的因素可分为两类:第一类是指人力无法抗拒的因素,其变化是由特定历史时期社会、经济发展规律所决定的,如人口增长规律、经济发展的总体规律等;第二类因素是指可以通过技术、法律法规、宣传教育以及水权、水资源市场的构造等进行人为调节的因素,如节水技术、水资源配置、水资源保护、水权、水市场、产业结构调整等。因此,一定流域或区域的水资源承载能力也是可变的,人们应根据当地水资源特点,以水资源可持续发展为前提,通过对人为调节因素的运作,实现水资源对经济社会发展的持续支撑。

12.2　水环境承载能力评价方法

根据水资源承载能力的定义,水资源承载力的度量与计算方法概括如下所述。

12.2.1　水资源总量

水资源总量(W)是指流域水循环过程中可以更新恢复的地表水与地下水资源总量。流域水循环受自然变化(包括气候变化)和人类活动的影响,可更新恢复的地表水与地下水资源量也在不断变化。由于流域水循环中,降水和径流形成的不确定性,对应不同保证率有不同的水资源量。

12.2.2　生态需水量

生态需水量(W_e)是指生态系统是流域水循环和流域环境系统的基本部分。满足一定环境要求的最小生态需水量(W_{emin})首先应该加以计算。它们通常由河道外的生态需水(如天然生态需水、人工生态需水等)和河道内的生态需水(如防止河道断流所需的最小径流量等)两部分构成。

12.2.3　可利用水资源总量

可利用水资源总量(W_s)是指可利用量是从资源的角度分析可能被利用的水资源量。水资源可利用总量是指在可预见的时期内,在统筹考虑生活、生产和生态环境用水的基础上,通过经济合理、技术可行的措施在当地水资源中可资一次性利用的最大水量。因此,可利用水资源量可以通过流域可更新恢复的地表水与地下水资源总量加上境外调水,扣除不可以被利用水量和不可能被利用水量加以计算。其计算公式为:

$$W_s = W + W_t - W_e - W_h \tag{12-1}$$

12.2.4　水资源需求总量

水资源需求总量(W_d)是指流域社会经济发展水平可以表达为人口数量(p)、国民生产总值(GDP)等指标。因此,它们对水资源需求包括:人口需水

（W_p），工业需水（W_i），农业需水（W_a），环境和其他需水（W_m）等。社会经济发展对水资源需求总量（W_d）的计算公式为：

$$W_d = W_p + W_i + W_a + W_m \tag{12-2}$$

12.2.5 区域水资源承载能力的平衡指数

为了描述水资源的承载能力，需要定义流域水资源承载能力的供需平衡指数（σ）。其计算公式为：

$$\sigma = (W_s - W_d)/W_s = 1 - W_d/W_s \tag{12-3}$$

很显然，当区域可利用水量小于流域社会经济系统的总需水量，即 $W_s < W_d$，有 $\sigma < 0$，这说明区域可以利用的水资源量不具备对如此规模的社会经济系统的支撑能力，区域水资源对应的人口及经济规模是不可承载的。但是，通过调水增加 W_s 和通过节水减少 W_d 可提高 σ。反过来，当区域可供水量大于等于流域社会经济系统的需水量，即 $W_s \geqslant W_d$，有 $\sigma \geqslant 0$，这说明区域可供的水资源量具备对这样规模的社会经济系统的支撑能力，区域水资源对应的人口及经济规模是可承载，预见期内供需可维持平衡状态。

永城市水资源承载能力评价的宏观标准见表 12-1。通过对水资源承载能力的一些参数进行评价比较，可以得出区域水资源承载能力的定性结论。这也是一种比较有效的评价方法。

表 12-1 　　　　　　　　　　淮河流域水环境承载能力评价标准表

评价指标	评价等级		
	Ⅰ（弱）	Ⅱ（中）	Ⅲ（强）
灌溉率/%	>60	20～60	<20
水资源利用率/%	>75	50～75	<50
水资源开发程度/%	>70	30～75	<30
供水量模数/($10^4 m^3/km^2$)	>15	1～15	<1
需水量模数/($10^4 m^3/km^2$)	>15	1～15	<1
人均供水量/(m^3/人)	<200	200～400	>400

12.2.6 单位水资源量承载能力的度量

为了达到水资源承载能力可比性的目的，可以计算单位可利用水资源量的承载指标参数（即水资源的利用效率）。单位水资源量 W_0（万 m^3）对应的水资源承载能力的各个分量的计算公式为：

$$F_1 = W_0/k_1, \quad F_2 = W_0/k_2, \quad \cdots, \quad F_i = W_0/k_i \tag{12-4}$$

公式(12-4)中的 F_i 就是流域系统第 i 个水资源承载力分量，k_i 为流域系统第 i 个水资源承载分量用水指标。例如，当 F_1 的单位量纲是每亿 m^3 的人口数目时，它说明该流域每亿 m^3 可利用水资源量能够承载的人口数。同样，当 F_2 的单位量纲是每亿 m^3 的 GDP 时，它说明该流域每亿 m^3 可供水资源量能够承载的经济发展规模（GDP）。

12.2.7　区域水资源承载能力

区域可利用水资源的承载能力(C)可以计算区域可利用水资源量对不同承载指标的承载能力。它一般采用综合性指标，如区域人口承载能力、区域经济规模（GDP）承载能力等。其计算公式为：

$$C_1 = F_1 \times W_s, \quad C_2 = F_2 \times W_s, \quad \cdots, \quad C_i = F_i \times W_s \tag{12-5}$$

式(12-5)中，C_i 表示区域可利用水资源量对不同承载指标的承载能力。例如，当 F_1 的单位量纲是每亿 m^3 的人口数目时，C_1 表示该区域可利用水资源量能够承载的人口数；当 F_2 的单位量纲是每亿 m^3 的 GDP 时，C_2 表示该区域可供水资源量能够承载的经济发展规模（GDP）。

一些专家提出了多种针对承载能力评价方法的模型，如水资源承载能力综合评价的投影寻踪法、流域水资源承载能力综合评价的多目标决策—理想区间模型等。对于多因素影响的水资源承载能力综合评价问题，这些方法都是有益的，但是其可操作性和实用性不强。

12.3　永城市水环境承载能力分析

永城市水资源量偏少，人均水资源占有量偏低，而且水资源时空分布很不均衡，人口、土地与水资源的组合不相适应，生态环境脆弱。

分析永城市水资源承载能力，需了解全市的水资源和经济社会发展现状和经济社会发展水平，掌握水资源开发利用现状，预测不同水平年经济社会要素的用水指标，进而分析河南省本地水资源的最大承载能力。下面就河南省经济社会发展、水资源开发利用现状，不同水平年经济社会要素用水指标的预测及水资源承载能力等方面进行重点论述和分析。

12.3.1　永城市现状年经济社会发展现状

2005 年底全市总人口 123.5 万人，其中城镇人口 39.3 万人，占 31.8%，农村人口 84.15 万人，占 68.2%（来自于商丘市统计年鉴统计成果）。永城市城市化水平较低,低于全国平均水平。

2005 年永城市国内生产总值(GDP)130.91 亿元,位居商丘市第一位,人均 9 937 元,人均水平位居商丘市第一位,是商丘市平均水平的 141.8%。在国内生产总值中,第一产业占 26.6%,第二产业占 54.2%,第三产业占 19.2%(河南省全省平均 GDP 构成第一产业占 22.6%,第二产业占 47.0%,第三产业占 30.4%)。2005 年永城市其他主要社会经济指标见表 12-2。

表 12-2 　　　　　　　　 2005 年永城市主要社会经济指标表

分区名称	人口/万人			粮食产量/万 t	牲畜数量/万头	耕地面积/万亩	有效灌溉面积/万亩	有效灌溉面积占耕地比/%	工业增加值/亿元	国内生产总值/亿元	国内生产总值 GDP 构成/%		
	城镇	农村	合计								第一产业	第二产业	第三产业
永城市	17.46	122.74	140.20	92.86	167.64	178.46	160.70	90.0	79.03	130.91	26.6	54.2	19.2

城市化水平、国内生产总值(GDP)构成是反映区域社会经济发展水平的重要参数。城市化是社会经济发展的必然产物,城市化率与经济发展水平密切相关。从世界范围来看,高收入国家人口城市化率一般在 70% 以上,中等收入国家,一般在 60% 左右,低收入国家,一般在 40% 以下。

在国内,经济发达地区城市化率也明显高于经济欠发达地区的。根据有关研究,按照国际上一般规律,城镇人口比重是衡量城市化水平的标准。城市化进程一般要经历三个发展阶段:一是城市化起步阶段,城市化水平低于 10%~20%,城市人口增长缓慢,城乡二元结构明显。二是城市化发展阶段,城市化水平达 20%~70%,人口和经济活动迅速向城市集中,城市数量快速增加,城市地域大幅拓展,城市密集区和城市群开始出现。三是城市化成熟阶段,城市化水平达 70%~100%,城市人口比例提高的速度缓慢,城乡居民收入水平和消费水平的差别很小,城市郊区化或逆城市化现象开始出现。现状水平年(2005 年)全国平均城市化水平为 42.99%,正处于向第二阶段发展时期,城市化进程呈加速发展态势。而河南省城市化水平低于全国平均水平,仍处于第一阶段后期,城市化水平较低,发展空间更大,目前正呈加速发展之势。

图 12-1 所示为 2005 年永城市与不同国家及地方产业结构比较。该图反映了永城市今后产业结构的调整空间。根据世界各国发展经验,永城市产业结构调整的总体趋势为:第一产业占 GDP 的比例将持续下降;以工业为主体的第二产业占 GDP 的比例将逐步提高,在区域经济完成工业化后会有所下降;第三产业将有较快发展,占 GDP 的比例增速最快。产业结构调整和城市化发展都将对

供需水格局产生重要影响。

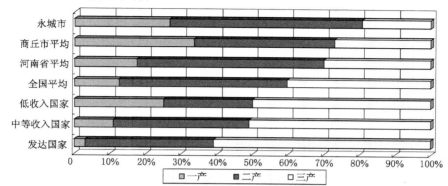

图 12-1　永城市与不同国家级地方产业结构比较

12.3.2　永城市现状年水资源开发利用情况

12.3.2.1　用水量

现状年 2005 年永城市总用水量为 23 119.3 万 m^3。其中,农田灌溉用水为 8 946.7 万 m^3,占 38.7％;工业用水为 7 662.8 万 m^3,占 33.1％;其他用水为 6 509.8 万 m^3(生活用水等),占 28.2 ％。2005 年永城市用水结构见图 12-2。 2005 年永城市开发利用水量及主要用水编指标见表 12-3。

由于各年降水时空差别很大,其用水量和组成结构各不相同。对于平水年份,全市农业用水量占总用水量的 60％左右;对于枯水年份,其比例为 70％左右;对于丰水年份,其比例大部分在 40％以下。对于平水年份,全市工业用水量占总用水量的 30％左右;对于枯水年份,其比例为 10％左右;对于丰水年份,其比例大部分为 20％左右。

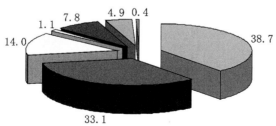

图 12-2　2005 年永城市用水结构

表 12-3　　　　　　2005 年永城市开发利用水量及主要用水指标表

分区名称	开发利用水量/万 m³		不同部门用水/亿 m³			农田灌溉用水指标/(m³/亩)	城镇生活人均用水量/(m³/人)	农村生活用水(含牲畜)(m³/个)	人均综合用水量/(m³/人)	万元GDP用水量/(m³/万元)	万元工业增加值用水量/(m³/万元)
	用水总量	地下水	农灌	工业	其他						
永城市	23 119.3	20 938.1	8 946.7	7 662.8	6 509.8	67	79	65	165	176.6	292

12.3.2.2　水资源利用程度

2005 年永城市水资源总量为 34 733.4 万 m³。其中,地表水资源量为 15 547.8 万 m³,地下水资源量为 19 584.2 万 m³,地表水与地下水资源重复量为 398.6 万 m³。永城市多年(1956 年～2005 年)平均水资源总量为 49 867.2 万 m³。其中,永城市多年(1980 年～2005 年)平均地表水资源量为 17 756.2 万 m³,永城市多年(1980 年～2005 年)平均地下水资源量为 34 697.2 m³。

2005 年永城市降水量为 898.5 mm,为丰水年,当年全市用水总量为 23 119.3 万 m³。对表 12-4 的分析基本可以反映现状用水条件下(2005 年)全市水资源利用情况。2005 年全市当地水资源的利用量占多年平均水资源总量的 46.4%(按正常年份其利用量可达到 50%～60%)。当地地表水利用量占河流多年平均径流量的 12.3%。

表 12-4　　　　　　永城市水资源开发利用程度分析表　　　　　　水量单位:万 m³

项目		现状年(2005 年)
面积/km²		1 994.0
水资源量	地表水径流量	15 547.8
	地下水资源量	19 584.2
	水资源总量	34 733.4
现状年(2005 年)用水量	当地水资源利用总量	23 119.3
	当地地表水	2 181.2
	地下水	20 938.1
水资源开发利用率/%	平均	66.6
	地表水	14.0
	地下水	106.9

项目		多年平均
面积/km²		1 994.0
水资源量	地表水径流量	17 756.2
	地下水资源量	32 111.0
	水资源总量	49 867.2
现状年(2005 年)用水量	当地水资源利用总量	23 119.3
	当地地表水	2 181.2
	地下水	20 938.1
水资源开发利用率/%	平均	46.4
	地表水	12.3
	地下水	65.2
水资源利用模数/(万 m³/km²)		11.6

注:用水量采用《商丘市水资源公报(2005 年)》资料,资源量资料采用本次评价结果。

2005 年全国平均水资源开发利用率为 20%(数据来源于中国水资源公报),河南省平均水资源开发利用率为 35.4%(数据来源于河南省水资源报告),永城市平均水资源开发利用率水资源开发利用率为 46.4%,远高于全国及全省的平均水平。现状年(2005 年)全市水资源利用模数为 11.6 万 m³/km²。

12.3.2.3　用水指标

现状年(2005 年)全市人均综合用水量为 108 m³,万元 GDP(当年价)用水量为 193.4 m³,万元工业增加值(当年价)用水量为 87.8 m³,农田灌溉亩均用水量为 64 m³,人均城镇生活用水量为 43.4 m³/a,人均农村生活用水量(含牲畜用水)为 25.6 m³/a。2005 年永城市与河南省及全国用水指标比较表见表 12-5。2005 年永城市与全国及河南省人均水资源、人均用水量比较图见图 12-3。

表 12-5　　　　　　**2005 年永城市与河南省及全国用水指标比较表**　　　　单位:m³

统计项目	人均综合用水量	万元 GDP用水量	万元工业增加值用水量	农灌用水指标	城镇生活(含城市环境)	农村生活(含牲畜用水)
全国平均	432	304	169	448	211	68
河南省平均	198	187	92	177	195	72.2
永城市平均	108	193.4	87.8	64	43.4	25.6

注:表中指标计算用水量数据使用现状年(2005 年)全国和河南省水资源公报资料,水资源量为本次评价相应区域的多年平均水资源量。

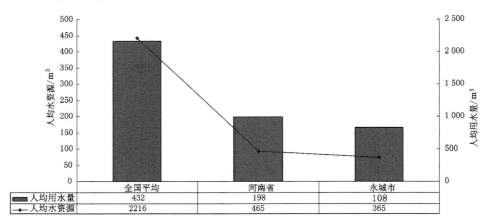

图 12-3　永城市人均水资源、人均用水量与全国及河南省比较

12.3.3　永城市不同水平年水环境承载能力

本节从两个层面分析永城市水资源承载能力:一是对永城市水资源承载能力的定性分析,二是对永城市水资源承载能力的定量分析。下面分别论述。

12.3.3.1　永城市水环境承载能力定性分析

定性分析区域水环境承载能力的方法有很多。下面用用水紧张程度分类和M·富肯玛克水紧缺指标来定性分析河南省水资源承载能力。

(1)联合国发布的"全面评价世界淡水资源"文件中,根据用水与可用淡水(此处可用淡水与水资源量同含义)之比对用水紧张程度进行了具体分类(详情见表 12-6),即把用水紧张程度分为四个等级:低度紧张、中度紧张、中高度紧张和高度紧张,并对每个类别给出了相应的定性描述。

表 12-6　　　　　　　　　　**用水紧张程度分类表**

用水紧张程度	用水量与可用淡水之比	分类描述
A 低度紧张	<10%	用水不是限制因素
B 中度紧张	10%~20%	可用水量开始成为限制因素,需要增加供给,减少需求
C 中高度紧张	20%~40%	需要加强供水和需水两方面的管理,确保水生生态系统有充足的水流量,增加水资源管理投资
D 高度紧张	>40%	供水日益依赖地下水超采和咸水淡化,急需加强供水管理。严重缺水已经成为经济增长的制约因素,现有的用水格局和用水量不能持续下去

　　(2) 瑞典水文学家 M·富肯玛克(Malin Falkenmark)根据世界各国人均实际用水情况,特别是非洲干旱缺水国家的资料,分析比较后提出了"水紧缺指标(Water-Stress Index)"(见表 12-7)。这些指标不是精确的界限。由于水的紧缺程度和区域水资源承载能力受到气候、经济发展水平、产业结构、人口和其他因素的影响,在地区之间存在很大差异,并且与节水和用水效率有关。但是,这个"门阀值"可以进行国家间、流域间人均供水变化的比较分析,同时也可作为不同流域水资源承载能力定性分析的依据。世界银行和其他学者已接受将人均占有水资源 1 000 m³ 作为缺水指标。M·富肯玛克提出的 1 000~1 700 m³ 水的紧缺指标,是对那些人口仍在继续增长的国家的警告:如果人口不稳定下来,大多数用水紧张的国家将进入缺水国家的行列。

表 12-7　　　　　　　　　　　　M·富肯玛克水紧缺指标表

紧缺型	人均水资源占有量/(m³/a)	主要问题
富水	>1 700	局部地区、个别时段出现水问题
用水紧张	1 000~1 700	将出现周期性和规律性用水紧张
缺水	500~1 000	将经受持续性缺水,经济发展受到损失,人体健康受影响
严重缺水	<500	将经受极其严重的缺水

　　现状年(2005 年)永城市人均水资源占有量仅有 365 m³,已经是严重缺水的地区。大多学者认为,中国经济可持续发展的极限人口数为 15 亿~16 亿。按现行的生育政策,在 21 世纪中叶中国人口总数将逼近经济可持续发展的极限人口数。因此,为保证中国经济的可持续发展,将 16 亿人口作为中国的"极限人口数"。如果按全国平均的人口增长率计算,永城市的人口峰值应为 180 万,届时人均水资源量为 277 m³,事实上永城市人口压力可能会更大。因此,永城市本地水资源承载全市经济社会可持续发展的困难较大,相关人员必须及早研究解决对策。

12.3.3.2　不同水平年水环境承载能力定量分析

　　水资源承载能力定量分析采用人口承载能力和经济承载能力两个综合性指标。采用人口承载能力计算永城市不同水平年水资源承载能力。

　　人口承载能力即人口承载量,一般定义为"一定区域内可容纳的人口数量"。它表示某一地区在维持可持续发展的前提下所能承载的最大人口量。人口承载量的确定,对分析特定区域人口与资源、环境等方面的相互关系有重要价值。可以用粮食产量、水资源量、矿产资源等要素来推算人口承载量,特定区域的人口承载能力是由多种要素共同决定的。一般而言,区域的人口承载能力并非固定不变的,一方面它可随技术进步和生产水平的发展而提高,另一方面在同一时期它也可随该区域的价值取向而变动。

　　不同的发展取向或目标可以对应不同的人口承载量,比如,从生活标准尺度看,既可以是维持最低生存标准的人口承载量,又可以是保持现有生活标准的人口承载量,也可以是生活标准逐步提高的人口承载量。

　　从水资源的角度计算人口承载量也存在同样问题。就永城市而言,在一定预见期(如在2050年以前)内人口的增长可能是不可逆转的,因此必须面对这一现实,分析永城市水资源人口承载能力。根据永城市全市水资源可利用量,结合不同水资源利用效率探求相应的水资源人口承载能力。

　　按照上文所述分析采用的不同水平年人均综合用水定额指标,分析计算了永城市当地水资源可利用量及考虑调水情况下水资源可利用量的人口承载能力。表12-8反映永城市不同水平年当地水资源可利用量的人口承载量。其计算结果表明:永城市当地水资源可利用量的人口承载量最多为200万人。这说明无论是再现状工程条件下,还是在规划工程条件下的不同发展水平年,永城市水资源可利用量的可承载人口均达不到现状人口水平。由此可见,永城市水资源量比较匮乏,当地水资源条件难以适应社会经济和人口持续增长的发展需要。

　　依据永城市水资源条件,在预见期内若必须承载区域内人口增长的规模(即提高水资源人口承载能力),则需要大幅度降低人均综合用水指标,提高区域水资源利用效率。表12-9列出了不同水平年不考虑调水情况下,永城市按预测人口规模下的人均综合用水控制指标。如果永城市水资源可利用量不变,人口发展规模不变,则人均综合用水定额不宜超过该表所列值,即全市人均年综合用水指标应控制在180 m³之内。

表 12-8　　　不同水平年水资源人口承载量计算表(不考虑调水)

水资源可利用量/万 m³	2020 年		2030 年		2050 年	
	人均综合用水定额/m³	水资源人口承载量/万人	人均综合用水定额/m³	水资源人口承载量/万人	人均综合用水定额/m³	水资源人口承载量/万人
32 205.3	163	197.6	160	201.3	158	203.8

表 12-9　　　不同水平年各分区人均用水定额表(不考虑调水、预测的人口规模)

水资源可利用量/万 m³	2020 年		2030 年		2050 年	
	预测人口数量/万人	人均可利用水资源量/m³	预测人口数量/万人	人均可利用水资源量/m³	预测人口数量/万人	人均可利用水资源量/m³
32 205.3	146.5	219.8	157.1	205.0	180	178.9

附　表

附表 1　永城市不同水质的地下水资源量状况

水资源区	地下水计算面积/km²	地下水性质	不同类别的地下水										备注
			I		II		III		IV		V		
			面积/(km²)	资源量/(万 m³)	面积/(km²)	资源量/(万 m³)	面积/(km²)	资源量/(万 m³)	面积/(km²)	资源量/(万 m³)	面积/(km²)	资源量/(万 m³)	
包河区	345.8	浅层地下水			183.47		51.23		17.59		93.51		资源量为 2005 年资源量
洺河区	634	浅层地下水					376		21.73		236.27		
沦河区	531.9	浅层地下水					56.42		58.22		417.26		
王引河区	482.3	浅层地下水					242.87				239.43		

附表 2   永城市选用水质监测井

测站(井)	所在			一级功能区	二级功能区	水域类型*1	代表河长/km	地址(县、乡、村)	地理座标					
	水资源区	行政区	河流						东经			北纬		
									°	′	″	°	′	″
大刘岗	沱河区	永城市	沱河			地下水		永城市城关镇大刘岗	116	21	05	33	57	07
西十八里铺	沱河区	永城市	沱河			地下水		永城市城关镇西十八里铺	116	17	06	33	58	30
韩庄	沱河区	永城市	沱河			地下水		永城市城关镇韩庄	116	21	36	33	56	06
鞠楼村朱沟	沱河区	永城市	沱河			地下水		永城市蒋口乡鞠楼村朱沟	116	16	56	34	01	00
樊集村	沱河区	永城市	沱河			地下水		永城市蒋口乡樊集村	116	15	24	34	05	08
蒋口	沱河区	永城市	沱河			地下水		永城市蒋口乡蒋口村	116	17	00	34	03	00
王桥娈奶庙	沱河区	永城市	沱河			地下水		永城市薛湖镇王桥娈奶庙	116	23	05	34	06	38
洪寨	沱河区	永城市	沱河			地下水		永城市薛湖镇洪寨	116	21	25	34	08	34
南街	沱河区	永城市	沱河			地下水		永城市薛湖镇南街	116	25	03	34	07	27
程大庄	沱河区	永城市	沱河			地下水		永城市薛湖镇程大庄	116	23	50	34	05	32
娈寨	沱河区	永城市	沱河			地下水		永城市薛湖镇娈寨	116	23	54	34	07	06
董庄	沱河区	永城市	沱河			地下水		永城市薛湖镇董庄	116	23	04	34	07	06
付楼村	沱河区	永城市	沱河			地下水		永城市薛湖镇付楼村	116	27	00	34	08	00
贾庄	沱河区	永城市	沱河			地下水		永城市高庄镇贾庄	116	34	28	33	53	57
铝厂	沱河区	永城市	沱河			地下水		永城市高庄镇铝厂	116	31	15	33	55	38
申楼	沱河区	永城市	沱河			地下水		永城市高庄镇申楼	116	28	00	33	54	44
郭楼	沱河区	永城市	沱河			地下水		永城市演集镇郭楼	116	24	32	33	56	38
丁楼钢厂	沱河区	永城市	沱河			地下水		永城市演集镇丁楼钢厂	116	25	20	33	57	41

续附表 2

测站（井）	所在			一级功能区	二级功能区	水域类型*1	代表河长/km	地址（县、乡、村）	地理座标					
	水资源区	行政区	河流						东经			北纬		
									°	′	″	°	′	″
演集	沱河区	永城市	沱河			地下水		永城市演集镇演集村	116	26	38	33	57	35
太丘村	沱河区	永城市	沱河			地下水		永城市太丘乡太丘村	116	17	21	34	06	22
顺和	沱河区	永城市	沱河			地下水		永城市顺和乡顺和村	116	19	59	34	04	19
汉陈村	沱河区	永城市	沱河			地下水		永城市陈集乡汉陈村	116	22	44	34	02	16
陈集	沱河区	永城市	沱河			地下水		永城市陈集乡陈集村	116	25	00	34	02	00
谢楼村杨庄	沱河区	永城市	沱河			地下水		永城市侯岭乡谢楼村杨庄	116	25	42	33	54	03
马庄村董庄	沱河区	永城市	沱河			地下水		永城市侯岭乡马庄村董庄	116	23	03	33	54	16
二十里铺	沱河区	永城市	沱河			地下水		永城市侯岭乡二十里铺	116	27	07	33	53	26
侯岭	沱河区	永城市	沱河			地下水		永城市侯岭乡侯岭村	116	26	15	33	53	31
乔洼	浍河区	永城市	浍河			地下水		永城市双桥乡乔洼	116	18	43	33	54	47
小李庄村	浍河区	永城市	浍河			地下水		永城市双桥乡小李庄村	116	16	17	33	56	46
姑庵油毡厂	浍河区	永城市	浍河			地下水		永城市鄎城乡姑庵油毡厂	116	05	40	33	57	51
薛庄	浍河区	永城市	浍河			地下水		永城市鄎城乡薛庄村	116	06	41	33	57	32
鄎城村	浍河区	永城市	浍河			地下水		永城市鄎城乡鄎城村	116	07	00	33	58	00
前翟楼	浍河区	永城市	浍河			地下水		永城市鄎阳乡前翟楼	116	15	03	34	00	39
盛楼	浍河区	永城市	浍河			地下水		永城市鄎阳乡盛楼	116	14	03	34	02	45
鄎阳村	浍河区	永城市	浍河			地下水		永城市鄎阳乡鄎阳村	116	12	07	34	00	52
石桥	浍河区	永城市	浍河			地下水		永城市卧龙乡石桥	116	05	44	33	53	09

续附表 2

测站（井）	所在			一级功能区	二级功能区	水域类型*1	代表河长/km	地址（县、乡、村）	地理坐标					
	水资源区	行政区	河流						东经			北纬		
									°	′	″	°	′	″
宰桥	浍河区	永城市	浍河			地下水		永城市卧龙乡宰桥	116	06	24	33	52	41
卧龙村	浍河区	永城市	浍河			地下水		永城市卧龙乡卧龙村	116	03	04	33	54	57
刘园村	浍河区	永城市	浍河			地下水		永城市卧龙乡刘园村	116	05	38	33	54	31
韩六子	浍河区	永城市	浍河			地下水		永城市新桥乡韩六子	116	17	01	33	51	47
蒋庄	浍河区	永城市	浍河			地下水		永城市新桥乡蒋庄	116	16	42	33	51	26
甘城	浍河区	永城市	浍河			地下水		永城市新桥乡甘城	116	17	04	33	48	03
温油坊	浍河区	永城市	浍河			地下水		永城市新桥乡温油坊	116	18	19	33	47	20
郑店村	浍河区	永城市	浍河			地下水		永城市马牧乡郑店村	116	08	19	34	03	11
马牧村	浍河区	永城市	浍河			地下水		永城市马牧乡马牧村	116	09	50	34	02	16
龙岗村	浍河区	永城市	浍河			地下水		永城市龙岗乡龙岗村	116	02	21	33	58	17
大王集村	浍河区	永城市	浍河			地下水		永城市大王集乡大王集村	116	11	0	33	55	03
黄口	浍河区	永城市	包河			地下水		永城市黄口乡黄口村	116	21	0	33	49	00
沈楼	包河区	永城市	包河			地下水		永城市马桥镇沈楼	116	18	26	33	46	52
大田楼	包河区	永城市	包河			地下水		永城市马桥镇大田楼	116	16	52	33	47	30
庞楼	包河区	永城市	包河			地下水		永城市马桥镇庞楼	116	12	58	33	48	35
王桥村	包河区	永城市	包河			地下水		永城市马桥镇王桥村	116	16	14	33	44	31
马桥村	包河区	永城市	包河			地下水		永城市马桥镇马桥村	116	13	0	33	48	00
钢叉楼	包河区	永城市	包河			地下水		永城市裴桥乡钢叉楼	116	07	33	33	49	43

续附表 2

测站（井）	所在			一级功能区	二级功能区	水域类型*1	代表河长/km	地址（县、乡、村）	地理座标					
	水资源区	行政区	河流						东经			北纬		
									°	′	″	°	′	″
梁堰	包河区	永城市	包河			地下水		永城市裴桥乡梁堰	116	09	24	33	51	20
张湾	包河区	永城市	包河			地下水		永城市裴桥乡张湾	116	11	14	33	50	54
胡小寨	包河区	永城市	包河			地下水		永城市裴桥乡胡小寨	116	11	50	33	50	54
徐山村	王引河区	永城市	王引河			地下水		永城市条河乡徐山村	116	30	22	34	13	10
邵山村	王引河区	永城市	王引河			地下水		永城市条河乡邵山村	116	30	23	34	12	45
姜楼村	王引河区	永城市	王引河			地下水		永城市芒山镇姜楼村	116	30	14	34	11	56
马山村	王引河区	永城市	王引河			地下水		永城市芒山镇马山村	116	30	33	34	12	45
芒村	王引河区	永城市	王引河			地下水		永城市芒山镇芒山村	116	29	14	34	10	47
陈官庄村	王引河区	永城市	王引河			地下水		永城市陈官庄乡陈官庄村	116	33	5	33	59	32
商村	王引河区	永城市	王引河			地下水		永城市商村乡商村	116	31	32	33	58	23
刘河村	王引河区	永城市	王引河			地下水		永城市刘河乡刘河村	116	29	51	34	02	51

附表 3　　**永城市选用水质监测站**

测站（井）	所在					水域类型 *1	代表河长/km	地址（县、乡、村）	地理座标					
	水资源区	行政区	河流	一级功能区	二级功能区				东经			北纬		
									°	′	″	°	′	″
张板桥	沱河	永城市	沱河	沱河虞城开发利用区	沱河夏邑永城过渡区	地表水	11.5	永城市蒋口乡张板桥村	116	15	0	34	04	42
西十八里（张桥闸上）		永城市	沱河	沱河虞城开发利用区	沱河永城饮用水源区	地表水	12.6	永城市城关镇西十八里	116	16	18	33	58	36
永城（张桥闸上）		永城市	沱河	沱河虞城开发利用区	沱河永城饮用水源区	地表水	13.4	永城市城郊乡张桥村	116	24	48	33	56	33
东十八里		永城市	沱河	沱河豫院缓冲区		地表水	9	永城市侯岭乡东十八里	116	27	24	33	55	07
裴桥	包河	永城市	包河	包河商丘开发利用区	包河永城农业用水区	地表水	13.7	永城市裴桥乡裴桥村	116	08	42	33	51	01
马桥		永城市	包河	包河商丘开发利用区	包河永城农业用水区	地表水	9.4	永城市马桥乡马桥村	116	13	44	33	47	09
温油坊		永城市	包河	包河商丘开发利用区	包河永城农业用水区	地表水	10.6	永城市新桥乡温油坊村	116	17	05	33	47	40

续附表 3

测站(井)	所在					水域类型*1	代表河长/km	地址(县、乡、村)	地理座标					
	水资源区	行政区	河流	一级功能区	二级功能区				东经			北纬		
									°	′	″	°	′	″
和顺	涝河	永城市	涝河	东沙河商丘开发利用区		地表水	23	永城市双桥乡和顺闸	116	13	03	33	42	47
新桥		永城市	涝河	东沙河商丘开发利用区	涝河商丘农业用水区	地表水	10	永城市新桥乡新桥村	116	17	48	33	50	57
黄口集闸(闸上)		永城市	涝河	东沙河商丘开发利用区	涝河永城排污控制区	地表水	6	永城市黄口集乡黄口集	116	21	11	33	49	31
芒山	王引河	永城市	王引河			地表水	12.5	永城市芒山镇芒山村	116	28	43	34	09	28
刘河		永城市	王引河			地表水	15.2	永城市刘河乡刘河村	116	32	59	34	05	0
陈官庄		永城市	王引河			地表水	10.6	永城市陈官庄乡陈官庄村	116	35	12	34	01	12

附表 4　　永城市地表水水质测站水化学类型统计

分析项目单位:mg/L

测站名	所在 水资源区	行政区	矿化度	总硬度	K⁺+Na⁺	Ca²⁺	Mg²⁺	Cl⁻	CO₃²⁻	HCO₃⁻	SO₄²⁻	水化学类型
张板桥	沱河	永城	594	266	110	47.2	36	83.6	0	345	62.8	C_I^{Na}
西十八里	沱河	永城	652	285	121	42.6	43.4	83.6	21	363	73.7	C_I^{Na}
永城	沱河	永城	850	302	126	59.4	37.4	105	0	537	103	C_I^{Na}
东十八里	沱河	永城	678	285	139	33.5	49.0	77.9	0	367	146	C_I^{Na}
裴桥	包河	永城	796	358	143	2.28	85.4	106	0	476	105	C_I^{Mg}
马桥	包河	永城	794	384	166	41.9	67.9	119	0	528	112	C_I^{Na}
温油坊	包河	永城	768	378	151	33.5	71.6	106	36	436	108	C_I^{Na}
和顺	浍河	永城	514	344	83.4	80.7	34.6	58	0	458	51.8	C_I^{Ca}
新桥	浍河	永城	654	327	133	59.4	43.4	53.8	16.8	367	181	C_I^{Na}
黄口	浍河	永城	860	314	102	57.9	41.1	56.4	27	343	108	C_I^{Na}
芒山	王引河	永城	520	289	102	54.8	37.0	66.5	16.8	361	71.9	C_I^{Na}
刘河	王引河	永城	592	310	122	42.6	49.4	74.1	6	459	61.0	C_I^{Na}
陈官庄	王引河	永城	626	323	109	22.8	64.7	58.0	34.8	430	47.5	C_I^{Mg}

附表 5

永城市单项及测站水质状况统计表

河流(湖,库)名称:沱河;监测年份:2005 年;代表河长(面积,库容):46.5 km,测站个数:4 个;评价河长:46.5 km

评价项目	时段	I类			II类			III类			IV类			V类			劣于V类		
		测站数/个	河长/km	占评价河长/%	测站数/个	河长/km	占评价河长/%	测站数/个	河长/km	占评价河长/%	测站数/个	河长/km	占评价河长/%	测站数/个	河长/km	占评价河长/%	测站数/个	河长/km	占评价河长/%
溶解氧	全年	1	13.4	28.8										2	24.1	51.8	1	9	19.4
	汛期				1	13.4	28.8				2	24.1	51.8				1	9	19.4
	非汛期	1	13.4	28.8										2	24.1	51.8	1	9	19.4
高锰酸盐指数	全年							1	13.4	28.8	1	12.6	27.1	1	11.5	24.7	1	9	19.4
	汛期										2	26	55.9	1	11.5	24.7	1	9	19.4
	非汛期				1	13.4	28.8				1	12.6	27.1	1	11.5	24.7	1	9	19.4
挥发酚	全年	4	46.5	100															
	汛期	4	46.5	100															
	非汛期	4	46.5	100															
总砷	全年	4	46.5	100															
	汛期	4	46.5	100															
	非汛期	4	46.5	100															
氨氮	全年				2	22.4	48.2	1	12.6	27.1				1	11.5	24.7	1	12.6	27.1
	汛期				3	35	75.3	1	9	19.4									
	非汛期				1	13.4	28.8				1	11.5	24.7	1	11.5	24.7	1	12.6	27.1

续附表 5

河流（湖、库）名称：沱河；监测年份：2005 年；代表河长（面积、库容）：46.5 km；测评站个数：4 个；评价河长：46.5 km

评价项目	时段	I类			II类			III类			IV类			V类			劣于V类		
		测站数/个	河长/km	占评价河长/%	测站数/个	河长/km	占评价河长/%	测站数/个	河长/km	占评价河长/%	测站数/个	河长/km	占评价河长/%	测站数/个	河长/km	占评价河长/%	测站数/个	河长/km	占评价河长/%
化学需氧量	全年	1	13.4	28.8													3	33.1	71.2
	汛期	1	13.4	28.8										1	12.6	27.1	2	20.5	44.1
	非汛期	1	13.4	28.8										1	11.5	24.7	2	21.6	46.5
总磷	全年				1	13.4	28.8	1	9	19.4	1	11.5	24.7				1	12.6	27.1
	汛期				1	13.4	28.8	2	21.6	46.5				1	11.5	24.7			
	非汛期				1	13.4	28.8	1	11.5	24.7	1	9	19.4				1	12.6	27.1
河流水质状况	全年				1	13.4	28.8										3	33.1	71.2
	汛期													1	13.4	28.8	3	33.1	71.2
	非汛期										1	13.4	28.8				3	33.1	71.2

附表6

永城市单项及测站水质状况统计表

河流(湖、库)名称：包河；监测年份：2005年；代表河长(面积、库容)：33.7 km；测评站个数：3个；评价河长：33.7 km

评价项目	时段	I类			II类			III类			IV类			V类			劣于V类		
		测站数/个	河长/km	占评价河长/%	测站数/个	河长/km	占评价河长/%	测站数/个	河长/km	占评价河长/%	测站数/个	河长/km	占评价河长/%	测站数/个	河长/km	占评价河长/%	测站数/个	河长/km	占评价河长/%
溶解氧	全年										2	20	59.3	1	13.7	40.7			
	汛期										2	23.1	68.5	1	10.6	31.5			
	非汛期										1	10.6	27.9	1	9.4	27.9	1	13.7	40.7
高锰酸盐指数	全年													1	13.7	40.7	2	20	59.3
	汛期										2	24.3	71.2				1	9.4	27.9
	非汛期													1	13.7	40.7	2	20	59.3
挥发酚	全年	3	33.7	100															
	汛期	3	33.7	100															
	非汛期	3	33.7	100															
总砷	全年	3	33.7	100															
	汛期	3	33.7	100															
	非汛期	3	33.7	100															
氨氮	全年										1	10.6	27.9	1	13.7	40.7	1	9.4	27.9
	汛期													1	13.7	40.7	2	20	59.3
	非汛期																3	33.7	100

续附表 6

河流(湖、库)名称:包河;监测年份:2005 年;代表河长(面积、库容):33.7 km;测评站个数:3 个;评价河长:33.7 km

评价项目	时段	I类			II类			III类			IV类			V类			劣于V类		
		测站数/个	河长/km	占评价河长/%	测站数/个	河长/km	占评价河长/%	测站数/个	河长/km	占评价河长/%	测站数/个	河长/km	占评价河长/%	测站数/个	河长/km	占评价河长/%	测站数/个	河长/km	占评价河长/%
化学需氧量	全年													1	13.7	40.7	2	20	59.3
	汛期										2	24.3	72.1	1	9.4	27.9			
	非汛期																3	33.7	100
总磷	全年													1	9.4	27.9	2	24.1	71.5
	汛期																3	33.7	100
	非汛期										1	9.4	27.9				2	24.1	71.5
河流水质状况	全年																3	33.7	100
	汛期																3	33.7	100
	非汛期																3	33.7	100

附表 7

永城市单项及测站水质状况统计表

河流(湖、库)名称:浍河；监测年份:2005 年；代表河长(面积,库容):39.0 km；测评站个数:3 个；评价河长:39.0 km

评价项目	时段	I类 测站数/个	I类 河长/km	I类 占评价河长/%	II类 测站数/个	II类 河长/km	II类 占评价河长/%	III类 测站数/个	III类 河长/km	III类 占评价河长/%	IV类 测站数/个	IV类 河长/km	IV类 占评价河长/%	V类 测站数/个	V类 河长/km	V类 占评价河长/%	劣于V类 测站数/个	劣于V类 河长/km	劣于V类 占评价河长/%
溶解氧	全年				1	10	25.6	2	29	74.4									
	汛期				2	33	84.6				1	6	15.4						
	非汛期				1	10	25.6	1	6	15.4	1	23	59						
高锰酸盐指数	全年										2	33	84.6	1	6	15.4			
	汛期										2	33	84.6	1	6	15.4			
	非汛期										1	10	25.6	1	23	59			
挥发酚	全年	3	39	100															
	汛期	3	39	100															
	非汛期	3	39	100															
总砷	全年	3	39	100															
	汛期	3	39	100															
	非汛期	3	39	100															
氨氮	全年	1	10	59.6				1	23	59							1	6	15.4
	汛期				2	33	84.6							1	6	15.4			
	非汛期				2	33	84.6										1	6	15.4

续附表 7

河流(湖、库)名称：浍河；监测年份：2005 年；代表河长(面积、库容)：39.0 km；测评站个数：3 个；评价河长：39.0 km

评价项目	时段	I类			II类			III类			IV类			V类			劣于V类		
		测站数/个	河长/km	占评价河长/%	测站数/个	河长/km	占评价河长/%	测站数/个	河长/km	占评价河长/%	测站数/个	河长/km	占评价河长/%	测站数/个	河长/km	占评价河长/%	测站数/个	河长/km	占评价河长/%
化学需氧量	全年				2	33	84.6							1	6	15.4			
	汛期				2	33	84.6				1	6	15.4						
	非汛期				1	10	25.6	1	23	59				1	6	15.4			
总磷	全年										1	23	59	1	10	25.6	1	6	15.4
	汛期				2	16	41				1	23	59						
	非汛期										1	10	25.6	1	23	59	1	6	15.4
河流水质状况	全年																3	39	100
	汛期																3	39	100
	非汛期																3	39	100

附表 8

永城市单项及测站水质状况统计表

河流(湖、库)名称:王引河;监测年份:2005 年;代表河长(面积,库容):38.3 km;测评站个数:3个;评价河长:38.3 km

评价项目	时段	I类 测站数/个	I类 河长/km	I类 占评价河长/%	II类 测站数/个	II类 河长/km	II类 占评价河长/%	III类 测站数/个	III类 河长/km	III类 占评价河长/%	IV类 测站数/个	IV类 河长/km	IV类 占评价河长/%	V类 测站数/个	V类 河长/km	V类 占评价河长/%	劣于V类 测站数/个	劣于V类 河长/km	劣于V类 占评价河长/%
溶解氧	全年	1	10.6	27.7							1	15.2	39.7				1	12.5	32.6
	汛期	1	10.6	27.7							1	15.2	39.7				1	12.5	32.6
	非汛期	1	10.6	27.7							1	15.2	39.7				1	12.5	32.6
高锰酸盐指数	全年							1	10.6	27.7	1	15.2	39.7				1	12.5	32.6
	汛期							1	10.6	27.7	1	15.2	39.7				1	12.5	32.6
	非汛期							1	10.6	27.7	1	15.2	39.7				1	12.5	32.6
挥发酚	全年	3	38.3	100															
	汛期	3	38.3	100															
	非汛期	3	38.3	100															
总砷	全年	3	38.3	100															
	汛期	3	38.3	100															
	非汛期	3	38.3	100															
氨氮	全年				1	10.6	27.7	2	27.7	72.3									
	汛期				1	10.6	27.7	2	27.7	72.3									
	非汛期				1	10.6	27.7	2	27.7	72.3									

续附表 8

河流（湖、库）名称：王引河；监测年份：2005 年；代表河长（面积，库容）：38.3 km；测评站个数：3 个；评价河长：38.3 km

评价项目	时段	I类			II类			III类			IV类			V类			劣于V类		
		测站数/个	河长/km	占评价河长/%	测站数/个	河长/km	占评价河长/%	测站数/个	河长/km	占评价河长/%	测站数/个	河长/km	占评价河长/%	测站数/个	河长/km	占评价河长/%	测站数/个	河长/km	占评价河长/%
化学需氧量	全年				2	25.8	67.4				1	12.5	32.6						
	汛期				1	15.2	39.7				2	23.4	60.3						
	非汛期				2	25.8	67.4				1	12.5	32.6						
总磷	全年										1	15.2	39.7	1	10.6	27.7	1	12.5	32.6
	汛期										1	15.2	39.7	1	10.6	27.7	1	12.5	32.6
	非汛期										1	15.2	39.7	1	10.6	27.7	1	12.5	32.6
河流水质状况	全年	1	10.6	27.7													2	27.7	72.3
	汛期	1	10.6	27.7													2	27.7	72.3
	非汛期	1	10.6	27.7													2	27.7	72.3

附表9

永城市河流底质污染现状评价

测站名称	所在水资源区	行政区	测评内容	pH	总铬	铜	锌	铅	镉	汞	砷	有机质(TOC)	总氮	总磷	评价结果
永城沱河 1#			测值	6.95		55.6		15.2	0.286						II
			类别	II		II		I	II						
永城沱河 2#			测值	7.32		54.3		14.1	0.241						II
			类别	II		II		I	II						
永城沱河 3#			测值	7.15		52.9		13	0.277						II
			类别	II		II		I	II						
永城沱河 4#			测值	6.9		65.7		21.2	0.198						II
			类别	II		II		I	II						
永城浍河 1#			测值	6.75		63.8		20.4	0.213						II
			类别	II		II		I	II						
永城浍河 2#			测值	7.09		46.5		18.3	0.235						II
			类别	II		II		I	II						
永城浍河 3#			测值	6.89		44.1		17.5	0.248						II
			类别	II		II		I	II						
永城浍河 4#			测值	7.12		42.9		16.6	0.269						II
			类别	II		II		I	II						

注:除 pH 值单位为无因次外,其他评价项目单位为 mg/kg

附表 10　永城市水质变化趋势分析原始监测数据

测站名	评价项目	年份	浓度												趋势分析		
			1月	2月	3月	4月	5月	6月	7月	8月	9月	10月	11月	12月	上升	下降	无趋势
黄口	总硬度	1996	207		197		176		136		206		142				
		1997	236		190		239		191		238		216				
		1998	289		236		262		164		147		276				
		1999	488		271		396		189		248		281				
		2000	331		237		306		335		221		353		√		
		2001	461		462		233		267		285		264				
		2002	412		495		390		339		243		504				
		2003	369		460		418		365		227		303				
		2004	173		350		255		200		180		233				
		2005	442		406		270		233		628		1 150				
黄口	溶解氧	1996	2.4		6.9		6.2		11.3		1.8		6.1				
		1997	0		1.6		0		0		1.9		0				
		1998	0		0		1.1		5.1		3.3		4.4				
		1999	3.4		0		0		0		0		0				
		2000	0		0		0		4.7		0		0				√
		2001	6.4		7.0		6.5		5.5		0		4.5				
		2002	0		0		3.2		4.2		0		0				
		2003	2.6		0		4.6		6.8		9.6		7.9				
		2004	2.6		7.0		4.8		4.2		7.8		5.7				
		2005	3.8		5.9		5.5		2.9		7.2		5.4				

续附表 10

测站名	评价项目	年份	浓度												趋势分析		
			1月	2月	3月	4月	5月	6月	7月	8月	9月	10月	11月	12月	上升	下降	无趋势
黄口	氨氮	1996	3.38		3.39		0.83		0.83		<DL		0.45				✓
		1997	3.84		1.68		11.2		3.55		1.56		3.06				
		1998	11.2		13.6		1.46		0.20		1.14		1.66				
		1999	0.63		16.1		16.5		2.11		1.39		9.12				
		2000	10.9		12.8		5.45		7.01		1.42		2.99				
		2001	1.96		0.39		0.39		0.40		0.29		0.37				
		2002	13.9		36.7		1.23		0.41		3.09		9.02				
		2003	29.3		10.6		0.17		<DL		<DL		0.43				
		2004	0.32		0.15		0.35		0.55		0.23		2.64				
		2005	8.32		4.7		1.08		1.44		1.43		0.50				
黄口	高锰酸盐指数	1993	8.8		53.3		21.61		29.4		68.1		17.4				✓
		1994	28.8		35.6		14.36		19.49		11.7		25.38				
		1995	12.48		22.67		16.48		11.4		3.9		17.9				
		1996	39.2		18.4		16.4		3.8		11.9		5.1				
		1997	73.5		29.1		11.4		71.2		17.5		9.2				
		1998	11.99		84.3		43.8		6.1		11.1		7.6				
		1999	12.8		22.68		62.8		10.83		73.4		19.2				
		2003	20.2		13		11.8		6.4		4.2		5.1				
		2004	12.4		7.0		10.2		11.8		6.2		5.8				
		2005	25.1		16.9		11.8		16.2		4.8		8.6				

续附表 10

测站名	评价项目	年份	浓度												趋势分析		
			1月	2月	3月	4月	5月	6月	7月	8月	9月	10月	11月	12月	上升	下降	无趋势
黄口	五日生化需氧量	1995											2178				√
		1996	37.4		93.7		13.1		6.6		64.0		2.8				
		1997			23.5		245		84.0		25.8						
		2000	68.1		267.6		147.6		65.4		36.6		57.1				
		2001	16.1		11.1		19.6		13.0		101.3		24.7				
		2002	46.6		153		21.8		23.5		105		104				
		2003	23.8		36.5		17		3.9		1.8		4.6				
		2004	18.1		12.4		27.1		20.5		8.5		8.35				
		2005	36.1		19.9		21.8		31.9		7.6		15.1				
黄口	挥发酚	1996	<DL		<DL		<DL		<DL		<DL		<DL			√	
		1997	0.070		<DL		0.040		0.116		<DL		0.292				
		1998	0.199		<DL		<DL		<DL		<DL		0.199				
		1999	<DL		<DL		<DL		0.089		<DL		<DL				
		2000	0.026		0.004		0.002		0.003		<DL		<DL				
		2001	<DL		<DL		<DL		<DL		<DL		<DL				
		2002	<DL		<DL		<DL		<DL		<DL		<DL				
		2003	<DL		<DL		<DL		0.003		<DL		<DL				
		2004	<DL		<DL		<DL		<DL		<DL		<DL				
		2005	<DL		<DL		<DL		<DL		<DL		<DL				

续附表 10

测站名	评价项目	年份	浓度												趋势分析		
			1月	2月	3月	4月	5月	6月	7月	8月	9月	10月	11月	12月	上升	下降	无趋势
黄口	氯化物	1996	52.1		83		132	108			32.2		154				√
		1997	165		148		283	264			219		300				
		1998	350		390		336	96.1			56		146				
		1999	74.8		94		226	31.9			52.1		24.1				
		2000	96.5		56.0		202	167			47.2		170				
		2001	292		272		44.5	54.1			90.2		61.3				
		2002	64.1		266		205	108			137		241				
		2003	322		238		234	187			34		54				
		2004	63.6		42.0		68.0	79.0			87.6		111				
		2005	285		267		112	95.0			218		269				
黄口	硫酸盐	1996	97.9		93.2		62.4	71.0			86.5		125				√
		1997	280		276		164	90.3			150		15.5				
		1998	59.6		235		283	148			113		176				
		1999	232		144		272	65.3			135		84.5				
		2000	143		104		180	128			67.2		81.7				
		2001	167		215		53.6	56.6			61.3		89.7				
		2002	191		124		148	105			28.9		276				
		2003	468		136		153	208			84.7		65.7				
		2004	63.3		136		433	101			79.4		71.7				
		2005	383		110		100	116			942		1 750				

续附表 10

测站名	评价项目	年份	浓度													趋势分析		
			1月	2月	3月	4月	5月	6月	7月	8月	9月	10月	11月	12月	上升	下降	无趋势
马桥	总硬度	1996	255		252		242		189		266		225		√		
		1997	271		248		254		203		233		291				
		1998	262				261		175		250		353				
		1999	551		490		402		260		338		342				
		2000	424		420		357		305		329		353				
		2001	321		345		308		283		272		256				
		2002	322		285		341		212		190		489				
		2003	473		446		323		248		278		337				
		2004	263		402		365		250		344		335				
		2005	368		314		242		340		346		468				
马桥	溶解氧	1996	0		7.1		7.9		7.1		0.9		3.2				√
		1997	0.0		0.0		0.0		1.6		1.6		2.8				
		1998	7.3		5.4		2.9		4.2		4.6		3.8				
		1999	4.6		0.0		8.1		1.9		5.1		4.6				
		2000	0		0		0		9.1		6.4		0				
		2001	6.1		1.5		1.8		5.2		1.2		4.4				
		2002	0.0		0.0		5.5		0.0		3.6		2.4				
		2003	5.7		6.5		5.1		5.7		8.6		8.1				
		2004	9.8		7.8		0		4.2		5.2		5.1				
		2005	3.2		0		0		5.9		5.1		4.7				

续附表 10

测站名	评价项目	年份	浓度												趋势分析		
			1月	2月	3月	4月	5月	6月	7月	8月	9月	10月	11月	12月	上升	下降	无趋势
马桥	氨氮	1996	16.2		6.68		1.03		<DL		3.21		0.42				√
		1997	9.44		10.6		5.20		0.26		0.48		0.82				
		1998	0.56		3.44		2.72		0.38		<DL		<DL				
		1999	<DL		0.52		1.08		0.05		<DL		49.7				
		2000	16.2		7.4		0.86		0.15		1.12		0.87				
		2001	3.76		8.93		0.39		0.69		0.16		0.16				
		2002	15.8		1.49		<DL		3.83		0.49		0.32				
		2003	0.46		0.32		0.42		0.33		<DL		4.26				
		2004	3.24		0.08		15.2		0.34		4.06		4.18				
		2005	14.0		24.9		4.62		6.50		6.19		6.53				
马桥	高锰酸盐指数	1993	46		67.4		194.6		32.2		83.2		135			√	
		1994	170.7		144.2		83.1		66.5		43.9		87.7				
		1995	20.5				87.3		44.2		34.2		36.6				
		1996	48.2		27.8		17.8		6.2		26.7		21.2				
		1997	227		37.9		84.6		23.3		8.2		14.6				
		1998	17.0		11.8		18.4		14.7		9.3		7.6				
		1999	12.5		90.7		7.6		15.5		21.8		12.2				
		2003	10		6.4		14.2		8.6		4.8		7				
		2004	11.4		5.9		20.2		4.5		11.8		11.6				
		2005	25.8		47.6		29.8		9.6		12		11.8				

续附表 10

测站名	评价项目	年份	浓度												趋势分析		
			1月	2月	3月	4月	5月	6月	7月	8月	9月	10月	11月	12月	上升	下降	无趋势
马桥	五日生化需氧量	1995							55.0		62.0		142			√	
		1996	49.7		97.7		12.7		2.4		44.8		61.4				
		1997			30.9		212		28		10.2						
		2000	54.4		95.1		41.1		4.5		12.2		50.6				
		2001	16.0		42.1		41.1		13.0		40.3		29.5				
		2002	40.6		23.4		10.4		72.1		20.6		36.2				
		2003	11.7		6		14.9		12.7		1.3		4.5				
		2004	12.1		11.2		45.8		10.2		12.1		21.7				
		2005	43.3		58.0		35.5		13.3		16.9		13.0				
马桥	挥发酚	1996	0.069		<DL		<DL		<DL		<DL		0.03			√	
		1997	0.06		0.024		<DL		0.136		<DL		<DL				
		1998	0.048		<DL		<DL		<DL		<DL		0.075				
		1999	<DL		<DL		<DL		<DL		<DL		<DL				
		2000	0.002		0.002		<DL		<DL		<DL		<DL				
		2001	<DL		<DL		<DL		<DL		<DL		<DL				
		2002	<DL		<DL		<DL		<DL		<DL		<DL				
		2003	<DL		<DL		<DL		0.006		<DL		<DL				
		2004	<DL		<DL		0.014		<DL		<DL		<DL				
		2005	<DL		<DL		<DL		<DL		<DL		<DL				

续附表 10

测站名	评价项目	年份	浓度												趋势分析		
			1月	2月	3月	4月	5月	6月	7月	8月	9月	10月	11月	12月	上升	下降	无趋势
马桥	氯化物	1996	156		192		220		173		292		246			√	
		1997	267		280		294		291		323		256				
		1998	263				292		152		236		276				
		1999	245		284		278		97.9		164		68.1				
		2000	189		225		130		183		151		182				
		2001	194		200		141		54.5		30.0		74.0				
		2002	64.1		128		161		56.0		235		137				
		2003	173		215		208		82.4		47		85				
		2004	104		124		134		181		168		164				
		2005	215		174		142		194		207		251				
马桥	硫酸盐	1996	147		74		106		113		21.1		107				√
		1997	158		67.2		149		197		317		244				
		1998	140				156		181		10.6		125				
		1999	315		120		165		88.4		120		96.1				
		2000	148		186		183		157		179		208				
		2001	158		192		60.7		72.7		64.9		98.1				
		2002	95.3		131		96.9		86.3		95.2		258				
		2003	72.9		160		130		102		92.8		72.3				
		2004	95.1		101		148		135		155		181				
		2005	374		217		116		177		318		126				

续附表 10

测站名	评价项目	年份	浓度												趋势分析		
			1月	2月	3月	4月	5月	6月	7月	8月	9月	10月	11月	12月	上升	下降	无趋势
永城	总硬度	1996	271		248		254		203		233		291				
		1997	376		265		220		120		108		208				
		1998	460		517		486		232		415		445				
		1999	458		428		328		317		260		396				
		2000	625		653		422		276		223		353		√		
		2001	434		505		213		252		386		1030				
		2002	666		827		840		688		150		254				
		2003	250		366		328		336		284		673				
		2004	348		784		804		811		836		574				
		2005	404		422		352		434		300		326				
永城	溶解氧	1996	9.9		4.9		14.8		7.4		5.2		7.7				
		1997	5.6		4.8		4.6		4.1		3.0		3.2				
		1998	8.2		5.9		7.5		5.7		5.5		5.7				
		1999	6.0		4.7		14.0		0.7		8.4		5.6				
		2000	10.3		8.8		5.4		10		6.9		7.9		√		
		2001	6.8		7.2		7.3		5.8		7.0		6.4				
		2002	4.0		7.4		7.1		7.6		8.8		8.2				
		2003	7.8		9.0		9.7		9.6		9.0		8.9				
		2004	10.3		8.5		7.3		6		7.4		7.5				
		2005	11.6		8.3		6.6		6.9		7.3		7.4				

续附表 10

测站名	评价项目	年份	浓度												趋势分析		
			1月	2月	3月	4月	5月	6月	7月	8月	9月	10月	11月	12月	上升	下降	无趋势
永城	氨氮	1996	34.0		48.6		27.9		64.1		28.8		3.08				
		1997	0.89		45.3		6.18		26.8		0.75		11.5				
		1998	0.85		1.15		17.0		11.6		99.2		5.10				
		1999	0.72		<DL		0.16		284		14.0		<DL				
		2000	2.6		0.78		<DL		0.15		59.4		6.7			√	
		2001	0.34		17.7		0.65		0.14		0.29		1.18				
		2002	0.39		0.60		<DL		0.49		0.28		0.32				
		2003	<DL		19.2		0.2		0.1		<DL		0.2				
		2004	<DL		<DL		0.29		0.32		0.2		0.11				
		2005	0.12		0.78		0.23		0.38		0.21		0.24				
永城	高锰酸盐指数	1993	2.3		12.3		1.7		5.6		7.7		27.5				
		1994	170.7		144.2		83.1		66.5		43.9		87.7				
		1995	3.8		9.0		26.2		9.9		9.8		16.8				
		1996	13.9		5.8		5.3		6		11.9		3.6				
		1997	20.5		7.4		2.9		4.7		1.7		11.6			√	
		1998	7.6		4.4		13.1		10.7		6.9		6.4				
		1999	10.4		12.8		5.7		20.5		14.0		9.0				
		2003	4.9		1.7		2.6		3.7		2.3		2.6				
		2004	2.7		3.2		3.1		1.8		7.2		2.8				
		2005	3.0		3.9		7.2		6		5.8		2.8				

续附表10

测站名	评价项目	年份	浓度												趋势分析		
			1月	2月	3月	4月	5月	6月	7月	8月	9月	10月	11月	12月	上升	下降	无趋势
永城	生化需氧量	1995							14.0		15.8		32.4				√
		1996	15.8		0.9		8.9		15.8		0.9		22.5				
		1997			1.5		11.2		8.0		2.4						
		2000	4.3		4.5		2.1		4.4		5.0		5.3				
		2001	15.8		12.8		6.4		12.8		11.8		11.0				
		2002	17.5		4.2		6.4		5.0		4.2		5.5				
		2003	4.0		2.4		3.8		4.8		1.0		4.0				
		2004	3.4		4.1		2.4		4.5		9.7		4.5				
		2005	4.4		4.8		7.6		7.9		7		4.6				
永城	挥发酚	1996	<DL		<DL		<DL		<DL		<DL		<DL			√	
		1997	<DL		<DL		<DL		<DL		<DL		<DL				
		1998	<DL		<DL		<DL		<DL		<DL		<DL				
		1999	<DL		<DL		<DL		<DL		<DL		<DL				
		2000	0.002		<DL		<DL		<DL		0.003		<DL				
		2001	<DL		<DL		<DL		<DL		<DL		<DL				
		2002	<DL		<DL		<DL		<DL		<DL		<DL				
		2003	<DL		<DL		<DL		<DL		<DL		<DL				
		2004	<DL		<DL		<DL		<DL		<DL		<DL				
		2005	<DL		<DL		<DL		<DL		<DL		<DL				

续附表 10

测站名	评价项目	年份	浓度												趋势分析		
			1月	2月	3月	4月	5月	6月	7月	8月	9月	10月	11月	12月	上升	下降	无趋势
永城	氯化物	1996	236		255		280		87.2		138		136				
		1997	130		210		204		142		134		108				
		1998	136		171		157		142		76.9		120				
		1999	192		186		124		131		94.2		101			√	
		2000	97.6		165		53.0		186		297		233				
		2001	87.8		222		250		194		45.6		84				
		2002	102		92.2		95.7		118		114		228				
		2003	88.4		230		223		214		238		140				
		2004			161		195		97		62.7		58.7				
		2005	64.0		124		153		205		72.5		172				
永城	硫酸盐	1996	814		1220		1080		667		1020		660				
		1997	791		769		737		584		391		611				
		1998	1080		1240		637		325		354		565				
		1999	357		903		114		704		1030		2430				
		2000	385		1540		1740		1220		136		188			√	
		2001	213		214		221		328		200		855				
		2002	584		1320		1340		1540		2030		1480				
		2003			487		1470		515		129		95.3				
		2004	48.5		435		441		546		171		598				
		2005	264		320		432		526		182		361				

附表 11　　永城市水质趋势检验成果表

项目\测站	总硬度	高锰酸盐指数	五日生化需氧量	氨氮	溶解氧	挥发酚	镉	总磷3)	总氮3)	氯化物	硫酸盐
黄口	上升	无趋势	无趋势	无趋势	下降	下降				无趋势	无趋势
马桥	上升	下降	下降	无趋势	无趋势	下降				下降	无趋势
永城	上升	下降	无趋势	下降	上升	无趋势				下降	下降

附表 12　永城市水质变化趋势分析测站统计结果

水资源区或行政区	评价项目	进行水质变化趋势分析的测站数	统计结果		
			上升站数	下降站数	无变化站数
永城市	总硬度	3	3		
	高锰酸盐指数	3		2	1
	五日生化需氧量	3		1	2
	氨氮	3		1	2
	溶解氧	3	1	1	1
	挥发酚	3		2	1
	镉				
	总磷				
	总氮				
	氯化物	3		2	1
	硫酸盐	3		1	2

附表 13   永城市分区水质现状评价成果

水资源区	站名	评价时段	河流 代表河长/km	平均流量/(m³/s)	水质类别	湖泊 代表面积/km²	水质类别	水库 代表库容/亿 m³	水质类别
沱河区	张板桥	全年	11.5	1.83	>V				
		汛期	11.5	2.39	>V				
		非汛期	11.5	1.56	>V				
	西十八里	全年	12.6	2.27	>V				
		汛期	12.6	2.96	>V				
		非汛期	12.6	1.93	>V				
	永城	全年	13.4	2.81	V				
		汛期	13.4	3.66	V				
		非汛期	13.4	2.39	IV				
	东十八里	全年	9	2.83	>V				
		汛期	9	3.68	>V				
		非汛期	9	2.40	>V				
浍河区	和顺	全年	23	2.12	>V				
		汛期	23	2.73	>V				
		非汛期	23	1.82	>V				
	新桥	全年	10	2.80	>V				
		汛期	10	3.61	>V				
		非汛期	10	2.40	>V				

续附表 13

水资源区	站名	评价时段	河流			湖泊		水库	
			代表河长/km	平均流量/(m³/s)	水质类别	代表面积/km²	水质类别	代表库容/亿 m³	水质类别
浍河区	黄口	全年	6	2.94	>V				
		汛期	6	3.78	>V				
		非汛期	6	2.52	>V				
	裴桥	全年	13.7	1.38	>V				
		汛期	13.7	1.78	>V				
		非汛期	13.7	1.18	>V				
包河区	马桥	全年	9.4	1.47	>V				
		汛期	9.4	1.89	>V				
		非汛期	9.4	1.26	>V				
	温油坊	全年	10.6	1.65	>V				
		汛期	10.6	2.12	>V				
		非汛期	10.6	1.41	>V				
	芒山	全年	12.5	0.90	>V				
		汛期	12.5	1.18	>V				
		非汛期	12.5	0.77	>V				
王引河区	刘河	全年	15.2	1.12	>V				
		汛期	15.2	1.46	>V				
		非汛期	15.2	0.95	>V				
	陈官庄	全年	10.6	1.20	V				
		汛期	10.6	1.56	V				
		非汛期	10.6	1.01	V				

附表 14

永城市 2005 年水功能区水质分析成果统计表

水资源区	位置		河流代表河长	现状水质				是否达标			主要超标项目		
	水功能区		km										
	一级	二级		全年	汛期	非汛期	水质类别	全年	汛期	非汛期	全年	汛期	非汛期
沱河区	沱河虞城开发利用区	沱河夏邑水城过渡区	11.5	>V	>V	>V	>V	否	否	否	溶解氧、氨氮、五日生化需氧量、高锰酸盐指数、总磷	溶解氧、氨氮、五日生化需氧量、高锰酸盐指数、总磷	溶解氧、氨氮、五日生化需氧量、高锰酸盐指数、总磷
	沱河虞城开发利用区	沱河永城饮用水源区	12.6	>V	>V	>V	>V	否	否	否	溶解氧、氨氮、五日生化需氧量、高锰酸盐指数、总磷、化学需氧量	溶解氧、五日生化需氧量、高锰酸盐指数、化学需氧量	溶解氧、氨氮、五日生化需氧量、高锰酸盐指数、总磷、化学需氧量
	沱河虞城开发利用区	沱河永城饮用水源区	13.4	V	V	IV	V	否	否	否	五日生化需氧量	五日生化需氧量、高锰酸盐指数、氟化物	五日生化需氧量
	沱河豫皖缓冲区		9	>V	>V	>V	>V	否	否	否	溶解氧、五日生化需氧量、高锰酸盐指数	溶解氧、五日生化需氧量、高锰酸盐指数	溶解氧、五日生化需氧量、高锰酸盐指数

续附表 14

位置			河流 代表河长 km	现状水质			水质类别	是否达标			主要超标项目		
水资源区	水功能区 一级	二级		全年	汛期	非汛期		全年	汛期	非汛期	全年	汛期	非汛期
包河区	包河豫院缓冲区		13.7	>V	>V	>V	>V	否	否	否	溶解氧、氨氮、五日生化需氧量、高锰酸盐指数、总磷、氟化物、化学需氧量	溶解氧、氨氮、五日生化需氧量、高锰酸盐指数、总磷、氟化物、化学需氧量	溶解氧、氨氮、五日生化需氧量、高锰酸盐指数、总磷、氟化物、化学需氧量
	包河豫院缓冲区		9.4	>V	>V	>V	>V	否	否	否	溶解氧、氨氮、五日生化需氧量、高锰酸盐指数、总磷、氟化物、化学需氧量	溶解氧、氨氮、五日生化需氧量、高锰酸盐指数、总磷、氟化物、化学需氧量、挥发酚	溶解氧、氨氮、五日生化需氧量、高锰酸盐指数、总磷、氟化物、化学需氧量
	包河豫院缓冲区		10.6	>V	>V	>V	>V	否	否	否	溶解氧、氨氮、五日生化需氧量、高锰酸盐指数、总磷、氟化物、化学需氧量	氨氮、五日生化需氧量、高锰酸盐指数、总磷、氟化物、化学需氧量	溶解氧、氨氮、五日生化需氧量、高锰酸盐指数、总磷、氟化物、化学需氧量

续附表 14

位置			河流	现状水质			水质类别	是否达标			主要超标项目		
水资源区	水功能区		代表河长	全年	汛期	非汛期		全年	汛期	非汛期	全年	汛期	非汛期
	一级	二级	km										
浍河区	东沙河商丘开发利用区	浍河商丘农业用水区	23	>V	>V	>V	>V	否	否	否	五日生化需氧量、高锰酸盐指数、化学需氧量	五日生化需氧量、高锰酸盐指数、化学需氧量	溶解氧、五日生化需氧量、高锰酸盐指数、化学需氧量
	东沙河商丘开发利用区	浍河商丘农业用水区	10	>V	>V	>V	>V	否	否	否	五日生化需氧量、高锰酸盐指数、化学需氧量、氟化物	五日生化需氧量、高锰酸盐指数、化学需氧量、氟化物	五日生化需氧量、高锰酸盐指数、化学需氧量、氟化物
	东沙河商丘开发利用区	浍河永城排污控制区	6	>V	>V	>V	>V	否	否	否	氨氮、五日生化需氧量、高锰酸盐指数、总磷、氟化物、化学需氧量	氨氮、五日生化需氧量、高锰酸盐指数、总磷、氟化物、化学需氧量	氨氮、五日生化需氧量、高锰酸盐指数、总磷、氟化物、化学需氧量
	东沙河豫皖缓冲区		7										

续附表 14

位置			河流 代表河长 km	现状水质			水质类别	是否达标			主要超标项目		
水资源区	水功能区 一级	水功能区 二级		全年	汛期	非汛期		全年	汛期	非汛期	全年	汛期	非汛期
王引河区		永城市农业开发利用区	12.5	>V	>V	>V	>V	否	否	否	五日生化需氧量、高锰酸盐指数、总磷、化学需氧量	五日生化需氧量、高锰酸盐指数、总磷、化学需氧量	五日生化需氧量、高锰酸盐指数、总磷、化学需氧量
		永城市农业开发利用区	15.2	>V	>V	>V	>V	否	否	否	溶解氧、五日生化需氧量、高锰酸盐指数、化学需氧量	溶解氧、五日生化需氧量、高锰酸盐指数、化学需氧量	五日生化需氧量、高锰酸盐指数、化学需氧量
		永城市农业开发利用区	10.6	V	V	V	V	否	否	否	五日生化需氧量、氟化物	五日生化需氧量	五日生化需氧量、氟化物

附表 15　永城市地表水供水水源地水质状况统计

水资源区三级区（或地级行政区）[1]	水源地名称	水功能区一级区	水功能区二级区	水体类型	经纬度 东经	经纬度 北纬	供水地区	供水人口/万人	日供水量/(万 t/d)	运行状况	全年 合格	全年 超标项目	汛期 时段	汛期 合格	汛期 超标项目	非汛期 时段	非汛期 合格	非汛期 超标项目
永城市	永城	沱河永城开发利用区	沱河虞城永城饮用水源区	河流	116°24′	33°57′	永城市	5	2	未运行	否	高锰酸盐指数、硫酸盐、氟化物	5月~8月	否	高锰酸盐指数、硫酸盐	3月~4月	否	高锰酸盐指数、硫酸盐

附表 16

永城市 2005 年地下水化学分类成果

水资源区	监测井编号	监测井位置	监测时间	矿化度 (g/L)	Na⁺+K⁺ (mg/L)	Ca²⁺ (mg/L)	Mg²⁺ (mg/L)	HCO₃⁻ (mg/L)	SO₄²⁻ (mg/L)	Cl⁻ (mg/L)	CO₃²⁻ (mg/L)	地下水化学类型*2
王引河	陈官庄	永城市陈官庄乡陈官庄村	2005-6-14	0.466	74.0	80.7	36	488	15.3	51.3	6	5—A
	固村	永城市固村乡固村	2005-6-14	0.738	81.0	176.0	43.4	647	90.9	110	0	1—A
	芒山	永城市芒山镇芒山村	2005-6-14	0.826	123.0	168.0	37.4	406	356	80.8	0	11—A
	刘河	永城市刘河乡刘河村	2005-6-14	0.852	167.0	59.4	55.9	537	224	27.2	0	13—A
	薛湖	永城市薛湖镇付楼村	年平均	1.038	193.0	89.3	77.2	620	275	93.2	0	13—A
	侯岭	永城市侯岭乡	2005-6-14	0.602	101.0	44.9	52.2	348	223	7.6	0	13—A
	演集	永城市演集镇演集村	2005-6-14	1.170	276.0	104.0	120	616	451	234	0	20—A
	薛湖	永城市薛湖镇	2005-6-14	0.590	128.0	32.7	40.2	473	93.4	13.3	0	6—A
沱河	大丘	永城市大丘乡大丘村	2005-6-14	0.538	45.8	69.8	54.7	470	46.0	40.9	0	2—A
	顺和乡	永城市顺和乡顺河村	2005-6-14	1.200	168.0	196	55.9	704	202	191	0	25—A
	陈集乡	永城市陈集乡汉陈村	2005-6-14	1.060	108.0	175	47.3	588	176	130	0	4—A
	陈集乡	永城市陈集乡陈集村	2005-6-14	1.050	94.7	170	60.7	502	321	82.7	0	9—A
	蒋口	永城市蒋口乡樊集村	2005-6-14	0.696	221.0	28.2	28	622	64.7	15.2	6	7—A
沱河	蒋口	永城市蒋口乡蒋口镇	2005-6-14	1.170	121.0	167.0	86.8	614	233.0	190	0	23—A
	城关镇	永城市城关镇西十八里铺	年平均	1.390	207.0	215.0	41.6	629	214.0	272	0	25—A
浍河	鄽城	永城市鄽城镇鄽城村	2005-6-14	0.803	125.5	132	40.35	618.5	103	93.3	0.00	4—A
	大王集	永城市大王集乡大王集村	2005-6-14	0.430	55.3	45.7	52.7	429	62.4	16.2	0	5—A
	马牧乡	永城市马牧乡郑店村	2005-6-14	1.110	236.0	32.3	99.4	816	106.0	137	0	6—A

续附表 16

水资源区	监测井编号	监测井位置	监测时间	矿化度 (g/L)	Na⁺+K⁺ (mg/L)	Ca²⁺ (mg/L)	Mg²⁺ (mg/L)	HCO₃⁻ (mg/L)	SO₄²⁻ (mg/L)	Cl⁻ (mg/L)	CO₃²⁻ (mg/L)	地下水化学类型*²
浍河	马牧乡	永城市马牧乡马牧村	2005-6-14	1.090	54.9	116.0	128	791	142.0	92.2	0	2—A
	郸阳乡	永城市郸阳乡郸阳村	2005-6-14	1.090	98.0	123.0	102	752	172.0	89.7	0	2—A
	双桥乡	永城市双桥乡小李庄村	2005-6-14	0.916	284.0	36.1	44.6	757	131.0	60.8	0	7—A
	龙岗乡	永城市龙岗乡龙岗村	2005-6-14	1.470	112.0	300.0	80.6	525	380.0	338	0	16—A
	郸城乡	永城市郸城乡薛庄村	2005-6-14	1.680	355.0	174.0	52.4	678	368.0	297	0	18—B
	马桥	永城市马桥镇马桥村	年平均	0.400	48.25	73.75	26.5	394	33.85	13.85	7.00	2—A
包河	卧龙乡	永城市卧龙乡卧龙村	2005-6-14	0.930	56.7	198.0	51	594	206.0	82.7	0	9—A
	卧龙乡	永城市卧龙乡卧龙村	2005-6-14	0.792	86.2	104.0	74.8	638	84.0	91.2	0	2—A

附表 17

永城市地下水现状水质评价成果

水资源区	地下水计算面积/km²	地下水水质分类			超标率/%		地下水劣质区		达到Ⅳ类或Ⅴ类标准值的监测项目		
		水质类别	关键项目 名称	监测值/(mg/L)	按监测井数目计算	按控制面积计算	名称	面积/km²	名称	监测值/(mg/L)	超标倍数
涡东诸河区	1 994	>Ⅴ	总硬度	437	50.0	56.8	包河区	196.6	总硬度	640	1.42
			矿化度	775					矿化度	1 580	1.58
		>Ⅴ	总硬度	564	68.5	59.3	浍河区	376	总硬度	703	1.56
			矿化度	1 150					矿化度	1 450	1.45
		>Ⅴ	总硬度	630	77.3	76.6	沱河区	407.6	总硬度	807	1.79
			矿化度	1 600					矿化度	1 870	1.87
		>Ⅴ	总硬度	970	80.0	63.8	王引河区	307.6	总硬度	1 120	2.49
			矿化度	2 220					矿化度	3 220	3.22

附表 18

永城市地下水水质监测成果

水资源区	监测井编号	监测井位置	地下水性质	水质监测年份	pH值	矿化度 M/(g/L)	总硬度(以CaCO₃计)	氨氮(NH₄)/(mg/L)	挥发性酚类(以苯酚计)/(mg/L)	高锰酸盐指数/(mg/L)	氯化物	硫酸盐	氟化物	水质类别
包河区	水城3	水城市马桥乡马桥村	浅层地下水	1990	7.50	340		0.62	<DL		3.9	35.5		V
				1991	8.20	356		0.39	<DL	0.5	3.9	35.5		
				1991	8.00	373		1.42	<DL	0.3	7.5	55.7		
				年均值	8.10	365		0.91	<DL	0.4	5.7	45.6		V
				1992	7.80	381		<DL	<DL	1.5	7.1	31.7		
				1992	8.00	444		0.16	<DL	18.1	7.1	121		
				年均值	7.90	413		0.2	<DL	9.8	7.1	76.4		V
				1993	7.70	452	159	0.36	<DL	1.0	16.0	57.6	1.60	
				1993	7.50	360	204	0.29	<DL	2.6	16.0	74.0	1.00	
				年均值	7.60	406	182	0.33	<DL	1.8	16.0	65.8	1.30	IV
				1994	8.10	425	160	<DL	<DL	1.5	10.6	44.4	1.00	
				1994	7.40	413	221	<DL	<DL	0.5	7.45	156	1.00	
				年均值	7.75	419	191	<DL	<DL	1.0	9	100	1.00	III
				1995	8.10	353	203	0.06	<DL	0.2	7.8	79.7	1.40	
				1995	8.20	485	186	0.90	<DL	2.4	13.8	155	0.80	
				年均值	8.15	419	195	0.48	<DL	1.3	10.8	117	1.1	V
				1996	7.40	462	331	<DL	<DL	1.4	35.1	94.1	0.80	
				1996	7.50	565	434	0.09	<DL	1.0	13.8	104	1.00	

续附表 18

水资源区	监测井编号	监测井位置	地下水性质	水质监测年份	pH值	矿化度 M/(g/L)	总硬度 (以CaCO₃计)	氨氮(NH₄) /(mg/L)	挥发性酚类(以苯酚计) /(mg/L)	高锰酸盐指数 /(mg/L)	氯化物	硫酸盐	氟化物	水质类别
包河区	水城3	永城市马桥乡马桥村	浅层地下水	年均值	7.45	514	383	0.09	<DL	1.2	24.45	99.1	0.9	Ⅲ
				1997	7.00	684	317	<DL	<DL	5.8	10.6	84.5	0.80	
				1997	7.20	720	370	0.19	<DL	1.6	9.93	93.2	0.90	
				年均值	7.10	702	344	0.2	<DL	3.7	10.3	88.9	0.9	Ⅳ
				1998	7.20	638	426	0.04	<DL	15.1	15.9	104	0.90	
				1998	8.40	476	342	0.17	<DL	5.5	4.23	74	1.00	
				年均值	7.80	557	384	0.11	<DL	10.3	10.065	89	0.95	Ⅴ
				1999	8.40	472	383	<DL	<DL	4.1	6.5	115	1.00	
				1999	8.30	498	366	<DL	<DL	8.5	19.5	144	1.10	
				年均值	8.35	485	375	<DL	<DL	6.3	13	130	1.05	Ⅳ
包河区	水城3	永城市马桥乡马桥村	浅层地下水	2000	8.40	319	347	0.16	<DL		9.19	61.5	0.84	
				2000	7.20	576	486	0.18	<DL		7.5	78.1	0.89	
				年均值	7.80	448	417	0.17	<DL		8.345	69.8	0.865	Ⅲ
				2001	8.12	282	308	<DL	<DL		10.3	20.4	0.76	
				2001	8.41	301	309	<DL	<DL		10.8	41.1	1.10	
				年均值	8.27	292	309	<DL	<DL		10.55	30.8	0.93	Ⅳ
				2002	7.60	462	288	<DL	<DL	2.4	14.4	33.8	1.06	
				2002	7.90	848	233	0.23	<DL	9.6	22	82.6	1.62	

续附表 18

水资源区	监测井编号	监测井位置	地下水性质	水质监测年份	pH值	矿化度 M/(g/L)	总硬度(以CaCO₃计)	氨氮(NH₄)/(mg/L)	挥发性酚类(以苯酚计)/(mg/L)	高锰酸盐指数/(mg/L)	氯化物	硫酸盐	氟化物	水质类别
包河区	水城3	永城市马桥乡马桥村	浅层地下水	年均值	7.75	655	261	0.23	<DL	6.0	18.20	58.2	1.34	IV
				2003	7.90	763	222	0.16	<DL		24.8	110	1.42	
				2003	7.74	806	284	0.23	<DL		12.4	54.9	1.41	
				年均值	7.82	785	253	0.20	<DL		18.60	82.5	1.42	IV
				2004	7.88	782	248	0.36	<DL		18.8	61.2	1.30	
				2004	8.05	804	283	0.47	<DL		13.2	53.1	1.20	
				年均值	7.97	793	266	0.42	<DL		16.00	57.2	1.25	IV
				2005	7.87	790	274	0.37	<DL		13.8	15.2	1.17	
				2005	8.33	824	312	0.52	<DL		13.9	52.5	1.08	
涤河区	水城4	永城县郑城乡郑城	浅层地下水	年均值	8.10	807	293	0.45	<DL		13.85	33.9	1.13	IV
				1990	7.70	716		<DL	<DL		40.4	147		II
				1991	7.30	631		0.78	<DL	0.8	35.5	107		
				1991	8.00	322		0.30	<DL	0.3	22.3	130		
				年均值	7.65	477		0.54	<DL	0.6	28.9	119		V
				1992	7.60	645		<DL	<DL	1.2	21.3	130		
				1992	7.60	726		<DL	<DL	7.3	18.4	98		
				年均值	7.60	686		<DL	<DL	4.3	19.9	114		IV
				1993	7.60	516	201	<DL	<DL	1.1	30.8	85.1	0.60	

续附表 18

水资源区	监测井编号	监测井位置	地下水性质	水质监测年份	pH值	矿化度 $M/(g/L)$	总硬度（以 $CaCO_3$ 计）	氨氮（NH_4）/(mg/L)	挥发性酚类（以苯酚计）/(mg/L)	高锰酸盐指数/(mg/L)	选用项目			水质类别
											氯化物	硫酸盐	氟化物	
洺河区	永城4	永城县鄹城乡鄹城	浅层地下水	1993	7.50	503	195	<DL	<DL	2.3	26.2	112	0.60	
				年均值	7.55	510	198	<DL	<DL	1.7	28.5	98.6	0.6	Ⅲ
				1994	8.20	484	180	<DL	<DL	0.4	27.3	35.5	1.00	
				1994	7.20	518	219	<DL	<DL	1.3	31.9	124	1	
				年均值	7.70	501	200	<DL	<DL	0.85	29.6	79.8	1	Ⅱ
				1995	8.10	553	249	0.05	<DL	0.4	36.2	75.9	1.40	
				1995	8.30	220	241	<DL	<DL	4.7	31.9	156	0.10	
				年均值	8.20	387	245	0.05	<DL	2.55	34.05	116	0.75	Ⅳ
				1996	7.30	441	273	<DL	<DL	2.9	12.1	73.0	0.70	
				1996	8.40	1856	394	0.20	<DL	3.8	34.0	261	0.30	
				年均值	7.85	1149	334	0.20	<DL	3.35	23.05	167	0.5	Ⅳ
				1997	8.00	868	401	<DL	<DL	4.6	31.6	77.8	0.30	
				1997	8.40	880	420	<DL	<DL	4.1	30.1	117	0.20	
				年均值	8.20	874	411	<DL	<DL	4.4	30.9	97.4	0.3	Ⅳ
				1998	8.40	648	400	<DL	<DL	14.2	45.1	85.8	0.5	
				1998	8.40	776	423	<DL	<DL	7.1	42.3	176	0.20	
				年均值	8.40	712	412	<DL	<DL	10.7	43.7	131	0.3	Ⅴ

续附表 18

水资源区	监测井编号	监测井位置	地下水性质	水质监测年份	pH值	矿化度 M/(g/L)	总硬度 (以CaCO₃计)	氨氮(NH₄) /(mg/L)	挥发性酚类 (以苯酚计) /(mg/L)	高锰酸盐 指数 /(mg/L)	选用项目			水质类别
											氯化物	硫酸盐	氟化物	
浍河区	永城4	永城县酇城乡酇城	浅层地下水	1999	8.40	672	405	<DL	<DL	4.2	62.5	146		
				1999	8.50	926	471	<DL	<DL	9.3	80.5	230	0.70	
				年均值	8.45	799	438	<DL	<DL	6.8	71.5	188	0.7	IV
				2000	8.30	413	401	<DL	<DL		73.4	81.9	0.56	
				2000	7.60	726	590	<DL	<DL		85.0	127	0.41	
				年均值	7.95	570	496	<DL	<DL		79.2	104	0.485	IV
				2001	7.61	687	409	<DL	<DL		88.2	91.1	0.48	
				2001	7.96	836	429	<DL	<DL		89.0	125	0.40	
				年均值	7.79	762	419	<DL	<DL	3.4	88.6	108	0.44	III
				2002	7.30	854	316	<DL	<DL	8.3	88.6	81.2	0.69	
				2002	7.62	918	374	0.27	<DL		41.0	68.4	1.04	
				年均值	7.46	886	345	0.27	<DL	5.9	64.80	74.8	0.87	IV
				2003	7.73	714	303	0.41	<DL		65.2	39.6	0.85	
				2003	7.44	762	489	0.31	<DL		60.9	121	0.67	
				年均值	7.59	738	396	0.36	<DL		63.05	80.3	0.76	IV
				2004	7.54	768	365	0.67	<DL		75.3	49.1	0.62	
				2004	7.71	778	525	0.30	<DL		80.4	135	0.51	
				年均值	7.63	773	445	0.49	<DL		77.85	92.1	0.57	IV

续附表 18

水资源区	监测井编号	监测井位置	地下水性质	水质监测年份	pH值	矿化度 M/(g/L)	总硬度（以$CaCO_3$计）	氨氮(NH_4)/(mg/L)	挥发性酚类（以苯酚计）/(mg/L)	高锰酸盐指数/(mg/L)	选用项目			水质类别
											氯化物	硫酸盐	氟化物	
涔河区	永城4	永城县郑城乡郑城	浅层地下水	2005	7.22	832	430	0.40	<DL		86.7	58.3	0.40	
				2005	7.93	810	561	0.17	<DL		99.9	147	0.46	
				年均值	7.58	821	496	0.29	<DL		93.30	103	0.43	IV
王引河区	永城5	永城市薛胡乡付楼村	浅层地下水	1990	7.70	537		<DL	<DL	0.8	28.4	19.7		I
				1991	8.20	515		0.39	<DL	0.3	15.6	43.7		
				1991	7.80	533		0.47	<DL	0.6	24.5	19.2		
				年均值	8.00	524		0.4	<DL		20.1	31.5		IV
				1992	7.60	537		0.07	<DL	5.1	14.2	25.9		
				1992	8.40	458		0.08	<DL	5.2	15.6	28.8		
				年均值	8.00	498	213	0.1	<DL	5.2	14.9	27.4	0.70	III
				1993	7.90	572	247	0.26	<DL	0.6	19.1	25.0	1.00	
				1993	8.20	534	230	0.08	<DL	4.3	22.0	50.0		
				年均值	8.05	553	209	0.17	<DL	2.5	20.6	37.5	0.9	III
				1994	8.20	536	222	0.32	<DL	2.4	19.1	9.6	1.20	
				1994	7.30	547	216	0.31	<DL	1.2	16.3	38.4		IV
				年均值	7.75	542	204	0.315	<DL	1.8	17.7	24	1.20	IV
				1995	7.40	518	223	<DL	<DL	0.7	22.0	31.7	1.60	IV
				1995	8.30	509		0.87	<DL	2.0	22.0	16.3	0.90	

续附表 18

水资源区	监测井编号	监测井位置	地下水性质	水质监测年份	pH值	矿化度 M/(g/L)	总硬度(以CaCO₃计)	氨氮(NH₄)/(mg/L)	挥发性酚类(以苯酚计)/(mg/L)	高锰酸盐指数/(mg/L)	氯化物	硫酸盐	氟化物	水质类别
王引河区	水城5	永城市薛胡乡付楼村	浅层地下水	年均值	7.85	514	214	0.87	<DL	1.35	22	24	1.25	V
				1996	8.40	648	336	0.47	<DL	2.3	26.9	87.6	1.00	
				1996	7.40	998	378	0	<DL	1.9	22.0	14.4	1.00	
				年均值	7.90	823	357	0.235	<DL	2.1	24.5	51	1.00	III
				1997	8.30	883	390	<DL	<DL	4.9	33.7	73.0	0.80	
				1997	7.20	794	371	<DL	<DL	1.9	30.1	62.4	0.70	
				年均值	7.75	839	381	<DL	<DL	3.4	31.9	67.7	0.75	IV
				1998	7.20	464	354	<DL	<DL	13.9	24.1	107		
				1998	7.20	716	338	0.29	<DL	6.8	19.0	32.7		
				年均值	7.20	590	346	0.29	<DL	10.4	21.6	69.9		V
王引河区	水城5	永城市薛胡乡付楼村	浅层地下水	1999	8.50	508	411	0.27	<DL	10.3	22.5	96.1		
				1999	8.50	600	475	0.12	<DL	12.1	18.5	216	1.24	
				年均值	8.50	554	443	0.195	<DL	11.2	20.5	156	1.24	V
				2000	8.50	493	396	0.18	<DL		33.0	95.1	0.84	
				2000	7.40	486	463	0.32	<DL		25.0	48.0	1.32	
				年均值	7.95	490	430	0.25	<DL		29	71.6	1.08	
				2001	7.64	578	357	0.34	<DL		32.0	26.0	1.11	V
				2001	8.28	479	379	0.43	<DL		27.8	41.1	1.10	IV

续附表 18

水资源区	监测井编号	监测井位置	地下水性质	水质监测年份	pH值	矿化度 M/(g/L)	总硬度(以CaCO₃计)	氨氮(NH₄)/(mg/L)	挥发性酚类(以苯酚计)/(mg/L)	高锰酸盐指数/(mg/L)	选用项目 氯化物	硫酸盐	氟化物	水质类别
王引河区	永城5	永城市薛胡乡付楼村	浅层地下水	年均值	7.96	529	368	0.39	<DL		29.9	33.6	1.11	IV
				2002	7.38	568	384	<DL	<DL	2.7	25.0	20.2	1.34	
				2002	7.44	762	348	0.25	<DL	10.2	40.2	25.4	1.09	
				年均值	7.41	665	366	0.25	<DL	6.5	32.6	22.8	1.22	IV
				2003	7.93	784	360	0.6	<DL		20.6	29.9	1.31	
				2003	7.72	657	358	0.38	<DL		36.3	66.5	1.16	
				年均值	7.83	721	359	0.49	<DL		28.5	48.2	1.24	IV
				2004	7.72	786	346	0.70	<DL			22.1	1.15	
				2004	7.86	758	542	0.60	<DL			435	0.9	
				年均值	7.79	772	444	0.65	<DL			229	1.03	IV
				2005	7.36	830	335	0.36	<DL		39.4	14.2	1.04	
				2005	7.95	802	746	0.48	<DL		147	536	0.85	
				年均值	7.66	816	541	0.42	<DL		93.2	275	0.945	IV

附表 19　永城市地下水水质变化趋势分析成果

水资源区	面积/km²	地下水性质	监测值有显著动变化的监测项目名称	监测起始 年份	监测起始 监测值/(mg/L)	监测终止 年份	监测终止 监测值/(mg/L)	起止期间的年均 监测值变化量/(mg/L)	起止期间的年均 年均变化率/%
包河区	345.8	浅层地下水	矿化度	1990	340	2005	807	31.1	9.1
			总硬度	1993	159	2005	293	11.2	7.0
			氯化物	1990	3.9	2005	13.8	0.66	16.9
			硫酸盐	1990	35.3	2005	33.9	-0.09	-0.3
浍河区	634	浅层地下水	矿化度	1990	716	2005	821	7.0	10.0
			总硬度	1993	201	2005	496	24.6	12.2
			氯化物	1990	40.4	2005	93.3	3.53	8.7
			硫酸盐	1990	147	2005	103	-2.9	-2.0
王引河区	482.3	浅层地下水	矿化度	1990	537	2005	816	18.6	3.5
			总硬度	1993	213	2005	541	27.3	12.8
			氯化物	1990	28.4	2005	93.2	4.32	15.2
			硫酸盐	1990	19.7	2005	275	17.3	87.7

附表 20　　永城市地下水水质污染分析成果

水资源区	地下水性质	地下水计算面积	地下水劣质区			被污染的水质项目		
			地下水水质类别	名称	面积/km²	名称	监测值/(mg/L)	污染指数 P_i
涡东诸河区	浅层地下水	1 994.0	V	包河区	72.15	氨氮	0.13	3.2
			V	浍河区	33.62	氨氮	2.73	68
			V	沱河区	75.85	氨氮	3.48	87
			V	王引河区	75.22	氨氮	0.31	7.8

附表 21　　永城市水域纳污能力计算

水资源区	水功能区 一级	水功能区 二级	平年	COD 水质目标/(mg/L)	COD 设计流量/(m³/s)	COD 综合衰减系数/(1/d)	COD 纳污能力/(t/a)	氨氮 水质目标/(mg/L)	氨氮 设计水量/(m³/s)	氨氮 综合衰减系数	氨氮 纳污能力/(t/a)
蚌洪区间北岸	沱河虞城开发利用区	沱河夏邑过渡区	2005年	20	0.35	0.15	233	1	0.35	0.09	8.4
			2010年	20	0.35	0.15		1	0.35	0.09	
			2020年	20	0.35	0.15		1	0.35	0.09	
	沱河虞城开发利用区	沱河永城饮用水水源区	2005年	20	0.35	0.15	338	1	0.35	0.09	15.4
			2010年	20	0.35	0.15		1	0.35		
			2020年	20	0.35	0.15		1	0.35		
	沱河豫皖缓冲区		2005	20	0.35	0.15	531	1	0.35	0.09	25.1
			2010	20	0.35	0.15		1	0.35	0.09	
			2020	20	0.35	0.15		1	0.35	0.09	
	东沙河商丘开发利用区	浍河永城排污整制区	2005	20	0.21	0.15	226	1	0.21	0.09	7.39
			2010	20	0.21	0.15		1	0.21	0.09	
			2020	20	0.21	0.15		1	0.21	0.09	
	浍河豫皖缓冲区		2005	20	0.21	0.15	82.9	1	0.21	0.09	2.96
			2010	20	0.21	0.15		1	0.21	0.09	
			2020	20	0.21	0.15		1	0.21	0.09	
		包河农业用水区（永城段）	2005	20	0.21	0.15	85.7	1	0.21	0.09	2.92
			2010	20	0.21	0.15		1	0.21	0.09	
			2020	20	0.21	0.15		1	0.21	0.09	

续附表 21

水功能区			平年	COD				氨氮			
水资源区	一级	二级		水质目标 /(mg/L)	设计流量 /(m³/s)	综合衰减 系数/(1/d)	纳污能力 /(t/a)	水质目标 /(mg/L)	设计水量 /(m³/s)	综合 衰减系数	纳污能力 /(t/a)
蚌洪区间北岸		王引河农业用水区（上）	2005	20	0.21	0.15	48.8	1	0.21	0.09	1.53
			2010	20	0.21	0.15		1	0.21	0.09	
			2020	20	0.21	0.15		1	0.21	0.09	
		王引河农业用水区（下）	2005	20	0.21	0.15	113	1	0.21	0.09	3.77
			2010	20	0.21	0.15		1	0.21	0.09	
			2020	20	0.21	0.15		1	0.21	0.09	

附表 22　永城市多年平均地下水（矿化度 M≤2 g/L）可开采量成果

平原区浅层地下水

水资源区	计算面积 /km² (1)	资源量 /万 m³ (2)	可开采量 /万 m³ (3)	可开采量模数 /（万 m³/km²） (4)=(3)/(1)	水质状况						
					水质类别 *3	关键项目 *4		达到Ⅳ类或Ⅴ类标准值的监测项目 *6		
						名称	监测值 *5	名称	监测值 *5	超标率 *6
包河	343.8	5 532.9	4 149.7	12.1	Ⅲ	总硬度	437	总硬度	587	38.50%
						矿化度	0.775	矿化度	1.30	
浍河	629	12 228.6	9 171.5	14.6	Ⅴ	总硬度	564	总硬度	698	60.0%
						矿化度	1.15	矿化度	1.23	
沱河	517.9	9295.1	6971.3	13.5	Ⅴ	总硬度	630	总硬度	648	59.1%
						矿化度	1.6	矿化度	1.38	
王引河	470.3	8 488.6	6 366.5	13.5	Ⅴ	总硬度	970	总硬度	614	40.0%
						矿化度	2.22	矿化度	1.11	
全市	1 961.0	35 545.2	26 658.9	13.6	Ⅴ	总硬度	636	总硬度	623	60.0%
						矿化度	1.39	矿化度	1.17	

附表 23　　永城市多年平均地下水（矿化度 M>2 g/L）可开采量成果

平原区浅层地下水

水资源区	计算面积/km²（1）	资源量/万m³（2）	可开采量/万m³（3）	可开采量模数/（万m³/km²）（4）=（3）/（1）	水质状况					
					水质类别*3	关键项目*4		达到IV类或V类标准值的监测项目		
						名称	监测值*5	名称	监测值*5	超标率*6
包河	2	32.2	24.1	12.1	V	总硬度	1 070	总硬度	1 070	7.70%
						矿化度	2.08	矿化度	2.08	
浍河	5	97.2	72.9	14.6	V	总硬度	751	总硬度	751	5.00%
						矿化度	2.69	矿化度	2.69	
沱河	14	251.3	188.4	13.5	V	总硬度	991	总硬度	991	18.2%
						矿化度	3.48	矿化度	3.48	
王引河	12	216.6	162.4	13.5	V	总硬度	1 450	总硬度	1 450	40.0%
						矿化度	3.66	矿化度	3.66	
全市	33	597.3	447.9	13.6	V	总硬度	1 070	总硬度	1 070	15.4%
						矿化度	2.98	矿化度	2.98	

附表24　　　　　　　　　　　永城市污染物排放量及入河量预测

水资源区	水功能区 一级	水功能区 二级	水平年	废污水 排放量/(万t/a) 工业	生活	合计	入河系数/%	入河量/(万t/a)	COD 排放量/(t/a) 工业	生活	合计	入河系数/%	入河量/(t/a)	氨氮 排放量/(t/a) 工业	生活	合计	入河系数/%	入河量/(t/a)
蚌洪区间北岸	沱河虞城开发利用区	沱河永城饮用水水源区	2005年	631	0	631	79	498.49	147	0	147	73	107.31	8.17	0	8.17	66	5.39
			2010年				79					73	0				66	0.00
			2020年				79					73	0				66	0.00
			2030年				79					73	0				66	0.00
	沱河豫院缓冲区		2005年	1 140	442	1 582	79	1 249.78	263	825	1 088	73	794.24	19	130	149	66	98.3
			2010年				79	0				73	0				66	0.0
			2020年				79	0				73	0				66	0.0
			2030年				79	0				73	0				66	0.0
	东沙河商丘开发利用区	涂河永城排污控制区	2005年	2 344	77.8	2 422	79	1 913.38	181	145	326	73	237.98	48.9	64.1	113	66	74.6
			2010年				79	0				73	0				66	0.0
			2020年				79	0				73	0				66	0.0
			2030年				79	0				73	0				66	0.0

注：入河系数指年入河（湖库）数量占年排放量的百分数。

附表 25

永城市 2005 年水功能区点污染源调查统计表

水资源区或行政区	水功能区 一级	水功能区 二级	排污口名称	入河排污口调查 入河污染物总量 污水量 (万 m³/a)	化学需氧量 (t/a)	氨氮 (t/a)	总氮 (t/a)	总磷 (t/a)	点污染源调查 排放污染物总量 污水量 (万 m³/a)	化学需氧量 (t/a)	氨氮 (t/a)	总氮 (t/a)	总磷 (t/a)	入河系数 污水量	化学需氧量	氨氮	总氮	总磷
沱河虞城开发利用区		沱河永城饮用水源区	永城市陈四楼矿	631	147	8.17	16.8	0.84										
			永城市车集矿	568	98.4	5.82	16.0	0.65										
			永城市高庄矿	169	103	1.69	5.53	0.58										
沱河豫院缓冲区			永城市新庄矿	403	61.1	11.8	17.7	0.76										
			永城市新城区	442	825	130	187	13.2										
蚌洪区间北岸 东沙河商丘开发利用区		浍河永城排污整制区	永城市城郊矿	1 508	75.4	22.3	35.2	0.87										
			永城市铝厂	836	106	26.6	35.8	8.55										
			永城市虎头闸	77.8	145	64.1	79.4	4.23										
合计				4 634	1 562	270	393	29.7										

附表 26　永城市 2005 年入河废污水量及入河主要污染物调查分析

水资源区或行政区	水功能区 一级	水功能区 二级	年入河废污水量（万 m³） 监测	年入河废污水量（万 m³） 调查	年入河废污水量（万 m³） 合计	监测的入河主要污染物质量（t/a） 化学需氧量	监测的入河主要污染物质量（t/a） 氨氮	监测的入河主要污染物质量（t/a） 总氮	监测的入河主要污染物质量（t/a） 总磷	调查的入河主要污染物质量（t/a） 化学需氧量	调查的入河主要污染物质量（t/a） 氨氮	调查的入河主要污染物质量（t/a） 总氮	调查的入河主要污染物质量（t/a） 总磷	入河污染物总量（t/a） 化学需氧量	入河污染物总量（t/a） 氨氮	入河污染物总量（t/a） 总氮	入河污染物总量（t/a） 总磷	污染物排放量（t/a） 化学需氧量	污染物排放量（t/a） 氨氮	污染物排放量（t/a） 总氮	污染物排放量（t/a） 总磷
蜂洪区同北岸	沱河虞城开发利用区	沱河永城饮用水源区	631			147	8.17	16.8	0.84												
	沱河豫皖缓冲区		1 582			1 088	149	226	15.2												
	东沙河商丘开发利用区	浍河永城排污整治区	2 422			326	113	150	13.6												

附表 27

永城市入河排污口统计表

水功能区			排污口统计(个)											
水资源区或行政区			入河方式							污水性质			污水排放方式	
一级区	二级区		总数		明渠	暗管	泵站	涵闸	潜没	工业	生活	混合	连续	间歇
			监测	调查										
蚌洪区间北岸	沱河虞城开发利用区	沱河永城饮用水源区	1	1	1							1	1	
	沱河豫皖缓冲区		4	4	2	2					1	3	4	
	东沙河商丘开发利用区	浍河永城排污控制区	3	3	2	1				2	1		3	

附表 28　　永城市入河废污水量及主要污染物统计表

入河排污口名称	入河排污口位置					水功能一级区	水功能二级区	入河废污水量（万 m³/a）				污染物质量（t/a）									
	水系	河(湖、库)名	地点	水资源区	行政区			总量	工业	生活	混合	COD			氨氮			BOD5	挥发酚	总氮	总磷
												工业	生活	混合	工业	生活	混合				
永城市陈四楼矿	洪泽湖	沱河	永城市陈四楼矿区	蚌洪区间北岸	永城市	沱河虞城开发利用区	沱河永城饮用水源区	498	498			107			5.39			78.5	0.006	16.8	0.84
永城市车集矿	洪泽湖	沱河	永城市车集矿区	蚌洪区间北岸	永城市	沱河豫皖缓冲区		449	449			71.8			3.84			45.1	0.006	16.0	0.65
永城市高庄矿	洪泽湖	沱河	永城市高庄矿区	蚌洪区间北岸	永城市	沱河豫皖缓冲区		134	134			75.2			1.12			30.6	0.002	5.53	0.58
永城市新庄矿	洪泽湖	沱河	永城市新庄矿区	蚌洪区间北岸	永城市	沱河豫皖缓冲区		318	318			44.6			7.79			31.0	0.004	17.7	0.76
永城市新城区	洪泽湖	沱河	永城市光明路	蚌洪区间北岸	永城市	沱河豫皖缓冲区	涡河永城排污控制区	349		349			602			85.8		294	0.063	187	13.2
永城市城郊矿	洪泽湖	涡河	永城市城郊矿区	蚌洪区间北岸	永城市	东沙河商丘开发利用区	涡河永城排污控制区	1 191	1 191			55.0			14.7			118	0.015	35.2	0.87
永城市铝厂	洪泽湖	涡河	永城市永涡路	蚌洪区间北岸	永城市	东沙河商丘开发利用区	涡河永城排污控制区	660	660			77.4			17.6			172	0.008	35.8	8.55
永城市虎头闸	洪泽湖	涡河	永城市工业路	蚌洪区间北岸	永城市	东沙河商丘开发利用区	涡河永城排污控制区	61.5		61.5			106			42.3		89.4	0.058	79.4	4.23

附表 29

永城市入河排污口基本情况表

入河排污口名称	水系	河(湖、库)名	入河排污口位置 地点(城镇)	入河排污口位置 水资源区	入河排污口位置 行政区	水功能一级区	水功能二级区	入河方式 明渠	入河方式 暗管	入河方式 泵站	入河方式 涵闸	入河方式 潜没	污水性质 工业	污水性质 生活	污水性质 混合	污水排放方式 连续	污水排放方式 间歇	接纳的主要排污单位	数据来源
永城市陈四楼矿	洪泽湖	沱河	永城市陈四楼矿区	蚌洪区间北岸	永城市	沱河豫皖开发利用区	沱河永城饮用水源区	√					√			√		永城市陈四楼矿	调查
永城市车集矿	洪泽湖	沱河	永城市车集矿区	蚌洪区间北岸	永城市	沱河豫皖缓冲区		√					√			√		永城市车集矿	调查
永城市高庄矿	洪泽湖	沱河	永城市高庄矿区	蚌洪区间北岸	永城市	沱河豫皖缓冲区			√				√			√		永城市高庄矿	调查
永城市新庄矿	洪泽湖	沱河	永城市新庄矿区	蚌洪区间北岸	永城市	沱河豫皖缓冲区			√				√			√		永城市郑庄矿	调查
永城市新城区	洪泽湖	沱河	永城市光明路	蚌洪区间北岸	永城市	沱河豫皖缓冲区		√						√		√		城市污水	调查
永城市城郊矿	洪泽湖	浍河	永城市城郊矿区	蚌洪区间北岸	永城市	东沙河商丘开发利用区	浍河永城排污控制区		√				√			√		永城市城郊矿	调查
永城市铝厂	洪泽湖	浍河	永城市水涡路	蚌洪区间北岸	永城市	东沙河商丘开发利用区	浍河永城排污控制区	√					√			√		永城市铝厂	调查
永城市虎头闸	洪泽湖	浍河	永城市工业路	蚌洪区间北岸	永城市	东沙河商丘开发利用区	浍河永城排污控制区	√						√		√		城镇污水	调查

附表 30   永城市 2005 年城市污水排放及处理再利用情况

城镇名称	所在水资源区	所在行政区	排放量（万 m³/a）			主要污染物质量（t/a）		集中处理量（万 m³/a）			再利用量（万 m³/a）		
			工业废水	生活污水	合计	COD	氨氮	总量	一级处理	二级处理	总量	农业	工业	生态
永城市	蚌洪区间北岸	永城市	4 115	519.8	4 634.8	1 561	270							
合计			1 848.8	2 786	4 634.8	1 561	270							

附表 31　　永城市 2005 年废污水排放量及主要污染物排放量调查分析

水功能区		水资源区或行政区	废污水排放量（万 m³/a）				年主要污染物排放量（t/a）								
一级	二级		城镇生活	工业	合计	其中火核电直流冷却水	COD	BOD₅	SS	氨氮	挥发酚	总氮	总磷	总汞	总镉
沱河豫皖城开发利用区	沱河永城饮用水源区	蚌洪区间北岸		631	631		147	78.5		8.17	0.006	16.8	0.84 0.96		
沱河豫皖缓冲区		蚌洪区间北岸	442	1 140	1 582		1 088	401		149	0.075	226	15.2		
东沙河商丘开发利用区	浍河永城排污控制区	蚌洪区间北岸	77.8	2 344	2 421.8		326	379		113	0.081	150	13.6		

附表 32　　永城市 2005 年城镇生活污水污染源调查统计表

水资源区	城镇名称	水功能区		排污去向	污水排放量（万 m³/a）	人均废水排放量（万 m³/a·人）	污染物质量（t/a）					
		行政区	一级区	二级区				化学需氧量	五日生化需氧量	氨氮	总氮	总磷	挥发酚
蚌洪区间北岸	永城市新城区	永城市	沱河豫皖缓冲区		雪枫沟	442	4.38×10^{-3}	825	294	130	187	13.2	0.063
蚌洪区间北岸	永城市虎头闸	永城市	东沙河商丘开发利用区	浍河永城排污控制区	白洋沟	77.8	3.65×10^{-3}	145	89.4	64.1	79.4	4.23	0.058
合计						519		970	383	194	266	17.4	0.121

附表 33

永城市 2005 年主要工矿企业污染源调查统计表

水资源区	排污企业名称	行政区	水功能区 一级区	水功能区 二级区	行业性质	排污去向	工业产值 (万元)	废水排放量 (万m³/a)	源内处理 (万m³/a) 达标量	源内处理 (万m³/a) 处理量	pH值	污染物质量 (t/a) COD	BOD₅	SS	氨氮	挥发酚	总氮	总磷
蚌洪区间北岸	永城市陈四楼矿	永城市	沱河虞城开发利用区	沱河永城饮用水源区	国有独资	韩沟		631			8.55	147	78.5		8.17	0.006	16.8	0.84
蚌洪区间北岸	永城市车集矿	永城市	沱河虞城缓冲区		国有独资	小里沟		568			8.57	98.4	45.1		5.82	0.006	16.0	0.65
蚌洪区间北岸	永城市高庄矿	永城市	沱河虞城缓冲区		国有独资	小运河		169			8.61	103	30.6		1.69	0.002	5.53	0.58
蚌洪区间北岸	永城市新庄矿	永城市	沱河虞城缓冲区	国有独资		小曹沟		403			8.40	61.1	31.0		11.8	0.004	17.7	0.76
蚌洪区间北岸	永城市郊矿	永城市	东沙河商丘开发利用区	涤河永城排污整制区	国有独资	大青沟		1 508			8.48	75.4	118		22.3	0.015	35.2	0.87
蚌洪区间北岸	永城市铝厂	永城市	东沙河商丘开发利用区	涤河永城排污控制区	国有独资	永涣路沟		836			8.97	106	172		26.6	0.008	35.8	8.55
合计								4 115				592	475		76.3	0.041	127	12.3

附表 34　　永城市地下水水质污染分析成果

水资源区	行政区	地下水性质	地下水计算面积	地下水水质类别	地下水劣质区		被污染的水质项目			备注
					名称	面积（km²）	名称	监测值（mg/L）*3	污染指数 P_i *4	
涡东诸河区	永城市	浅层地下水	1 994	V	包河区	72.15	氨氮	0.13	3.2	
				V	浍河区	33.62	氨氮	2.73	68	
				V	沱河区	75.85	氨氮	3.48	87	
				V	王引河区	75.22	氨氮	0.31	7.8	

参 考 文 献

［1］陈志恺.人口、经济和水资源的关系［J］.水利规划设计,2000(3):1-7.

［2］陈志恺.中国水资源的可持续利用［J］.中国水利,2000(8):38-40.

［3］刘强,陈进,黄薇,等.水资源承载力研究［J］.中国水利,2003(10):15-18.

［4］刘强,杨永德,姜兆雄.从可持续发展角度探讨水资源承载力［J］.中国水利,
2004(3):11-13.

［5］王顺久,侯玉,张欣莉,等.流域水资源承载能力的综合评价方法［J］.水利学
报,2003(1):88-92.

［6］夏军,朱一中.水资源安全的度量:水资源承载力的研究与挑战［J］.自然资源
学报,2002(3):262-269.

［7］张丽,董增川.流域水资源承载能力浅析［J］.中国水利,2002(10):100-104.